Burkard/Koob/Kuhweide
WÄRMEDÄMMUNG

Hans Dieter Burkard/Hans Konrad Koob/
Peter Kuhweide

WÄRMEDÄMMUNG

Bauen und sanieren mit mineralischen Dämmstoffkörnungen

ECON Verlag,
Düsseldorf · Wien

Herausgeber: FPDI Fachverband Perlite-Dämmstoff-Industrie e.V., Dortmund

Technische Skizzen und Illustrationen: Werner Skornia, Dipl.-Des., Architekt, Mülheim/Ruhr

Gesetzt aus der Times der Fa. Hell
Satz: Dörlemann-Satz, Lemförde
Druck und Bindearbeiten: Richterdruck Würzburg
Printed in Germany
ISBN 3 430 11602 3

Inhalt

Einführung in den Umgang mit der Wärme
Oder: Wie hilft ein Vulkangestein Energie sparen?

Die Heizkostenrechnung hat die Stromrechnung längst überrundet.

Energiesparen, das ist ein Wort, das wir rasch gelernt haben. Zwei Ölpreis-Schocks waren eine gute Nachhilfe. Wer das Gelernte bei sich zu Hause anwenden will, beginnt am besten mit dem Kapitel »Raumheizung«. Durchschnittlich 80% des Gesamtenergiebedarfs eines herkömmlichen Wohnhauses werden hier eingesetzt, und die Heizkostenrechnung hat die Stromrechnung längst überrundet. Das Licht im Flur auszuschalten, ist nicht mehr der Energie-Weisheit letzter Schluß.

Glücklicherweise sind wir klüger geworden. Eine energiebewußte Architektur, eine moderne Heizungstechnik, optimale Wärmedämmung und eine mögliche Wärmerückgewinnung machen Energiesparquoten von 50% und mehr realistisch. Das private Vergnügen aber nützt letztlich allen: Weniger Geld und Abgase durch den Schornstein zu jagen, bedeutet, die Umwelt zu entlasten, die Importabhängigkeit zu verringern und die

Durch viele »Lecks« fließt die Wärme aus unseren Häusern: durch Verluste beim Heizbetrieb, durch Undichtigkeiten der Fenster und Türen, durch Lüften, mit dem Abwasser – und vor allem durch die Außenflächen.

Energieträger-Vorräte zu strecken, bis neue Quellen ausreichend nutzbar sind. Innerhalb dieses Rahmens behandelt unser Buch die Wärmedämmung und hier wiederum die Dämmung mit mineralischen Dämmstoffkörnungen und Dämmstoffmassen aus dem Vulkangestein Perlit. Von Mineralfaser- oder Hartschaum-Dämmstoffen unterscheidet sich dieser Dämmstoff durch seine körnige Struktur. Daher eignet er sich auch als Leichtzuschlag für Leichtmörtel und -betone.

Zuvor ein Blick auf die Maßnahmen der Architektur und der Heizungstechnik. Unter Energie-Gesichtspunkten sind unsere Häuser lecke Wärmespeicher. Was wir auch einspeisen durch Heizen, Sonneneinstrahlung und Körperwärme – es »fließt« wieder hinaus: durch Verluste beim Heizbetrieb, durch Undichtigkeiten der Fenster und Türen, durch Lüften und mit dem Abwasser.

Vor allem aber wird Wärme durch die Außenflächen abgeleitet, also durch Dach, Außenwände, Fenster, Tü-

Glasvorbauten beleben nicht nur die Form, sie fangen auch Sonnenenergie ein.

ren und den Erdgeschoß- oder Kellerboden. Dies geschieht um so schneller, je größer die Außenfläche im Verhältnis zum umbauten Raum und je größer die Temperaturdifferenz innen/außen ist.

Dies spricht für möglichst kompakte Hausformen und möglichst niedrige Raumtemperaturen. Die Grenzen setzt das persönliche Empfinden. Niemand braucht im Iglu-Haus mit »arktischem« Innenklima zu leben. Behaglichkeit empfindet der Mensch bei 20 Grad Wohntemperatur und 16 Grad Schlaftemperatur. Zudem ergänzen weitere Architektur-Faktoren, z. B. der einfache Grundriß, das Sparpotential. So zahlt es sich aus, das Haus mit der schmaleren Seite in den Wind zu stellen, an der Südseite große Fensterflächen anzuordnen, an der Nordseite die kleinsten, alle Fenster aber nachts zusätzlich abzudecken. Glasvorbauten beleben die Form, schaffen Pufferzonen, fangen Sonnenenergie und bilden Grünbereiche. Speichermassen, d. h.

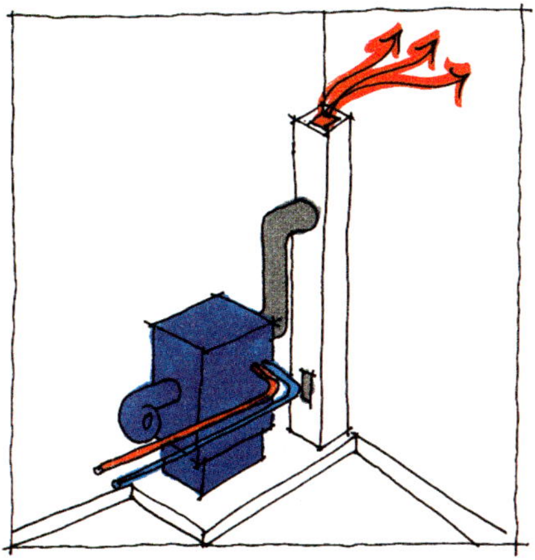

Im konventionellen Heizungsbetrieb stecken noch viele Rationalisierungsreserven.

schwere Baustoffe im Gebäudeinnern, speichern die eingefangene Wärme und geben sie nachts ab.

Bei der Raumaufteilung sollten die Wohnräume möglichst im Süden einen warmen Kern bilden, mit den kühleren Räumen als abpufferndem Gürtel.

Im zweiten Energiespar-Kreis, beim Heizen, werden die »sanften« Energien von der Sonne, aus der Luft, dem Erdreich oder dem Grundwasser die Wärme aus Verbrennungsprozessen zum Teil ersetzen. Aber auch im konventionellen Heizungsbetrieb stecken Rationalisierungsreserven. Dem tatsächlichen Bedarf angepaßte Kessel-Leistungen, geringere Wasserinhalte und ausreichende Kesseldämmung vermindern die Stillstands- und Bereitschaftsverluste. Möglichst niedrige Abgastemperaturen sollten angestrebt werden, um einen hohen Jahreswirkungsgrad der Kesselanlage zu erreichen. Wärmedämmung der Leitungen und kurze Führung senken die Verteilungsverluste.

Kollektoren und Wärmepumpen können die Energiebilanz verbessern.

Seit einigen Jahren ermöglichen zudem Niedertemperaturkessel eine Absenkung der Kesselwassertemperatur. Die Regeleinrichtungen für das Heizwasser, also außentemperaturabhängige Vorlaufregelung und Thermostatventile für die Heizkörper, sind mittlerweile geläufig. Auch die verschiedenen Möglichkeiten der Wärmeverteilung über Radiatoren, Konvektoren oder Flächenheizungen sind diskutiert und erprobt.

Schließlich senken dichtere Fenster und Verzicht auf Dauerlüften die Lüftungsverluste. Eingebaute Lüftung und Wärmerückgewinnung aus Abluft und Abwasser verbessern die Energiebilanz von Haus und Wohnung weiter.

Ohne Wärmedämmung aber bleibt die architektonische und heiztechnische Sparleistung Stückwerk. Wie schnell nämlich die eingefangene oder eingeheizte Wärme über die Außenflächen wieder abfließt, das hängt eben nicht nur von der Größe dieser Flächen ab

– und vom Temperaturunterschied zwischen ihrer Außen- und Innenseite –, sondern auch von ihrer Beschaffenheit: von den gewählten Bau- und Dämmstoffen und von der Dicke der Schichten. Insbesondere die Dämmstoffe mit ihrer Eigenschaft, Wärme schlecht zu leiten, senken den k-Wert. Diese wichtige Energiespar-Größe gibt an, wieviel Wärme bei einem Temperaturunterschied außen/innen von 1 Grad in 1 Stunde durch 1 Quadratmeter des Bauteils fließt. Je niedriger der k-Wert, desto besser der Wärmeschutz. Konsequenterweise schreibt die neue Wärmeschutzverordnung (WSVO), gültig seit dem 1. 1. 84, höchstzulässige k-Werte für Bauteile vor, die beheizte Räume gegen Außenluft, Erdreich oder unbeheizte Räume abgrenzen. Außer im Neubau gilt sie auch für die bauliche Erweiterung bestehender Bauten, dort weiter für den Ersteinbau neuer Bauteile und sogar für den Ersatz oder die Erneuerung vorhandener Teile, wenn mindestens 20% ihrer Fläche erfaßt sind.

Gegenüber DIN 4108 »Wärmeschutz im Hochbau« mit ihren für einen wirtschaftlichen Wärmeschutz unzureichenden Forderungen geht die WSVO deutlich weiter. Doch steht es jedem frei, z.B. die Dämmschichtdikken noch höher zu wählen, soweit technisch möglich und wirtschaftlich vertretbar. Maßstab ist die Heizkosten-Einsparung während der Nutzungsdauer, vermindert um die Investitions- und Kapitaldienst-Kosten.

Das warme Kleid des Wärmeschutzes wird man dem Bau-Körper dort anziehen, wo ihn die Kälte trifft: am Dach, an den Außenwänden, an der Sohle. Aber auch in der »zweiten Reihe« hat die Dämmung Sinn, bei der Geschoßdecke unter nicht ausgebautem Dachboden

Besonders wirtschaftlich ist die Dämmung des Daches: Die Dämmarbeiten sind ziemlich einfach und betreffen eine relativ kleine Fläche.

z. B. oder bei der Kellerdecke. Weitere »Kandidaten« sind die Wände gegenüber kalten Räumen (Flur, Treppenhaus) und schließlich die Wohnungstrenndecken, bei denen mit dem Trittschallschutz der Wärmeschutz eingebaut werden kann.

Bisher standen oft die Fenster ganz oben auf der Wärmeschutzliste. Trotz kleinen Flächenanteils ist ihr Anteil an den Wärmeverlusten infolge ihrer schlechten k-Werte groß. Allerdings sind auch die Kosten, etwa für den Einbau von Isolierglas-, Verbund- oder Kastenfenstern, vergleichsweise hoch.

Besonders wirtschaftlich ist hingegen die Dämmung das Daches. Hier entstehen zwar bei den meisten Hausformen etwas weniger Verluste als an den Außenwänden, doch sind die Dämmarbeiten ziemlich einfach und betreffen eine kleinere Fläche. Gedämmt werden die Dachschrägen, meist zwischen den Sparren, die Kehlbalkendecke oder die Geschoßdecke unter dem nicht ausgebauten Dach. Bei Neubau- oder sanierten Flachdächern wird heute mit der Dämmschicht in der Regel zugleich das erforderliche leichte Gefälle aufgebracht. In den einschaligen Außenwänden bewahrt die Methode der außenliegenden Dämmung den Speichereffekt des Mauerwerks. Die Innendämmung bietet sich an, wenn die Fassade nicht verdeckt werden soll. Günstiger, ja beinahe ideal ist die Kerndämmung im Luftraum zweischaligen Mauerwerks. In der Wirkungsweise steht sie der Außendämmung nahe, darüber hinaus bewahrt sie das Fassadenbild.

Für die nachträgliche Kerndämmung zweischalig mit Luftschicht gemauerter Außenwände – in Norddeutschland seit dem vorigen Jahrhundert üblich – und für die Neubaukerndämmung wurden spezielle Dämmstoffkörnungen entwickelt. Sie werden einfach eingeblasen bzw. eingefüllt.

Im Süden gibt es inzwischen ebenfalls zahlreiche Beispiele kerngedämmter Bauten. Favorit ist dort aber die einschalige Bauweise, jetzt mit wärmedämmenden Leichtsteinen und darauf abgestimmtem Leichtmauermörtel.

Bei der Dämmung der waagerechten Flächen im Haus sind häufig Unebenheiten des Rohbetons oder des alten Bodens zu beseitigen. Diese Zusatzfunktion leisten Dämmstoffkörnungen oder Leichtestriche aus Perlite. Für die skizzierten Dämmbereiche und Dämm-Methoden existiert eine auf den ersten Blick verwirrende Vielfalt von Dämmstoffen. Sie läßt sich jedoch auf wenige Grundgattungen zurückführen. Die wichtigsten: Mineralfaser-Dämmstoffe (Steinfaser, Glasfaser),

Dämmbereiche	Dämmstoffe	Mineralfaser-matten, -platten oder Filze	
Dachschräge	über		
	zwischen	X	
	unter Sparren		
oberste Geschoß-decken	Kehlbalken	X	
	in Balkendecke	X	
	auf Dielung	X	
	auf Beton	X	
Flachdach	Neubau	X	
	Sanierung	X	
Außenwände	außen	X	
	im Kern	X	

	Hartschaum-platten	Perlite-Dämmstoff-körnungen	Perlite-Dämmstoff-massen
	X		
	X	X nachträglich, ohne Nebenarbeit	
	X		
	X	X fugenlose Füllung	
	X	X auch nachträglich, geringe Nebenarbeit	
	X	X mit Höhenausgleich	
	X	X	X
	X mit Gefälle-bildung durch Formkörper	X mit Gefällebildung	
	X mit Gefällebildung durch Formkörper	X mit Gefällebildung und Ausgleich von Unebenheiten	
	X		
	X	X auch nachträglich	

Dämmbereiche \ Dämmstoffe		Mineralfaser- matten, -platten oder Filze	
Außenwände	innen	X	
	im Mauerwerk		
Kellerfußboden		X	
Kellerdecke von unten		X	
Kellerdecke von oben	Neubau	X	
	Sanierung	X	
Wohnungstrenndecke mit Tritt- schallschutz	Neubau	X	
	Sanierung	X	
Installationsschlitze		X	
3schalige Schornsteine	Neubau	X	
	Sanierung	X	

Hartschaum-platten	Perlite-Dämmstoff-körnungen	Perlite-Dämmstoff-massen
X		
		X
X	X mit Höhenausgleich	X als Dämm-Estrich unter Keramik, Stein
X		
X	X mit Ausgleich von Unebenheiten	X als Dämm-Estrich unter Keramik, Stein
X	X mit Höhenausgleich	X als Dämm-Estrich unter Keramik, Stein
X	X mit Ausgleich von Unebenheiten	
X	X mit Höhenausgleich	
		X vermörteln und dämmen in einem Zug
		X
		X

Hartschaum-Dämmstoffe (Polystyrol, Polyurethan) und mineralische Dämmstoffkörnungen aus Perlite. Eine Übersicht über Stoffe und Verfahren gibt die Tabelle. Alle Dämmstoffe entfalten ihre energiesparende Wirkung sofort nach dem Einbau und, fachgerechtes Einbauen vorausgesetzt, sehr lange und wartungsfrei, sicherlich länger als für die in Wirtschaftlichkeitsberechnungen meist angesetzten 20 Jahre. Es lohnt sich also, gleich beim Neubau die Dämmung zukunftssicher zu bemessen. Doch rentiert sich auch die Verbesserung des Wärmeschutzes an bestehenden Häusern, die häufig in Eigenleistung erfolgen kann. Sinnvollerweise wird mit der Dämmung zugleich die Heizung geplant. Der niedriger ausgelegte Kessel kostet weniger, ein Teil der Dämm-Investition kommt sofort herein.

Mit dem Wärmeschutz steigt der Wohnwert: Im Sommer heizen sich die Räume weniger stark auf, im Winter entfällt der »Kältezug« von kalten Wänden, Decken

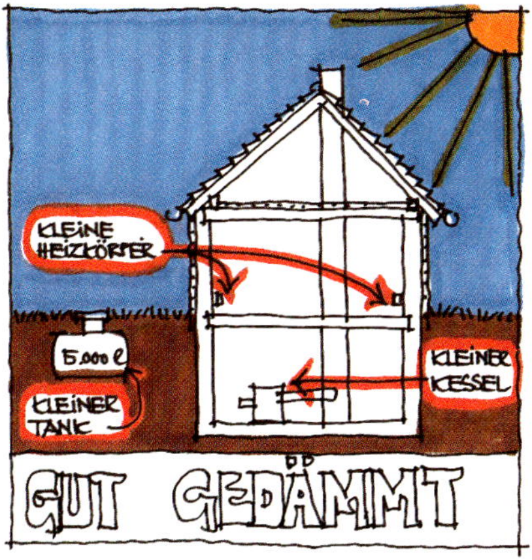

Bei guter Wärmedämmung kann der Heizkessel niedriger ausgelegt werden und kostet auch entsprechend weniger.

oder Böden, das Wohnklima wird insgesamt ausgeglichener.

Die mineralischen Dämmstoffkörnungen und -massen, die dieses Buch behandelt, bringen weiteren Zusatznutzen mit: Eignung für besonders »geschickte« Dämmlösungen, einfache Verarbeitung, z.T. vorbeugender Brandschutz usw. Ausgangsstoff aller Perlite-Produkte ist das Mineral Perlit, ein vulkanisch entstandenes Naturglas mit den Hauptbestandteilen Siliziumdioxid und Aluminiumoxid. Um aus dem Perlit-Gestein einen Wärmedämmstoff herstellen zu können, sind aber die 3–6% Wasser wichtig, die beim Einfließen der Lava ins Meer im Gestein eingeschlossen wurden.

In der weiteren Produktion wird das zu Sand zerkleinerte Perlit einem »Hitzeschock« von über 1000°C ausgesetzt. Die entstehende Schmelze wird durch das eingeschlossene und nun verdampfende Wasser im »Pop-

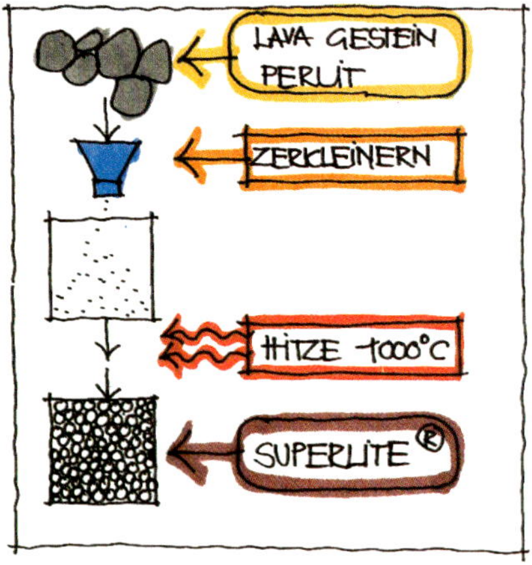

Aus dem Lavagestein Perlit entsteht durch Zerkleinern und kurzfristige Erhitzung auf über 1000° C das »Zwischenprodukt« Superlite, das für die verschiedenen Dämm-Verwendungszwecke aufbereitet wird.

corn-Effekt« auf das 15–20fache des Volumens aufgebläht, sozusagen vollgepumpt mit Luft, die im ruhenden Zustand einen der besten Dämmstoffe abgibt.

Das Zwischenprodukt – Markenname Superlite – wird für die verschiedenen Verwendungszwecke aufbereitet, z. B. durch Staubbindung (für Dämmschichten), durch Hydrophobierung (für Kern- und Dachschrägendämmung, für Estrichdämmung mit integrierter Installation), durch Bituminierung (für Flachdach- und Fußbodensanierung) oder als leichter, wärmedämmender Zuschlag in Werk-Trockenmörteln (für die Dämmung von Installationswandschlitzen, von dreischaligen Schornsteinen, für Leichtestriche oder Leichtmauermörtel). Für alle Dämmbereiche steht damit ein maßgeschneidertes Produkt zur Verfügung.

Allen Perlit-Dämmstoffen gemeinsam sind ihre natürlichen Vorzüge: Sie sind anorganischen Ursprungs und unverrottbar, die mineralischen »Körnchen« sind

Die Dämmstoffkörnungen und Dämmstoffmassen lassen sich leicht verarbeiten – durch Schütten, durch Einblasen oder als Fertigmörtel.

nichtbrennbar, von Ungeziefer werden sie gemieden. Die Dämmstoffkörnungen und Dämmstoffmassen lassen sich leicht verarbeiten – durch Schütten, Einblasen oder als Fertigmörtel –, die entstehenden Schichten füllen den vorgesehenen Raum fugenlos und hohlraumfrei. In Dämmschichten verzahnen sich die Körnchen miteinander, zwischen ihnen bilden sich Luftpolster. Die Körnungen ermöglichen Dämmlösungen, die sich mit matten- oder plattenförmigen Dämmstoffen nicht oder nur bedingt bewerkstelligen lassen: die Dachschrägendämmung zwischen den Sparren ohne Entfernen der Eindeckung oder Innenbekleidung, die Dämmung oberster Geschoßdecken im Hohlraum zwischen den Balken ohne Entfernen der gesamten Dielung, die nachträgliche Kerndämmung zweischaligen Mauerwerks – von der Verarbeitung in Dämmstoffmassen, also den Trockenmörteln, ganz abgesehen. Vor allem aber »funktionieren« die Perlit-Abkömmlinge meist mehrfach: Sie liefern Höhenausgleich (Fußboden, Estrich, Flachdach), Gefälleausbildung (Flachdach), Trittschallschutz (Wohnungstrenndecke) und weiteren Schallschutzbeitrag (Dach, oberste Geschoßdecke, zweischaliges Mauerwerk, Installationsschlitze). In einigen Bereichen gilt dem Nebennutzen die Hauptabsicht, der Wärmeschutz ist willkommene Draufgabe. Beispiel: die Sanierung alter Fußböden, geschildert im ersten Praxis-Porträt.

Der sichere Boden
Oder: Wie Eigentümer und Einlieger Ruhe und Wärme auf neuer Ebene fanden

Ein Althaus mit von Grund auf neuem Boden. Höhenausgleich, Trittschallschutz und Wärmedämmung schuf eine bituminierte Dämmstoffkörnung.

Rolf und Elisabeth Bender*, Landhausbewohner, mochten nach dem Auszug ihrer Kinder nicht allein im Grünen sitzen und suchten ein Haus in der Stadt: nahe bei Rolf Benders Büro und groß genug, um noch an eine zweite Familie zu vermieten.

Lothar und Verena Korn, beide Stadtleute, mit Benders über die Kinder bekannt, entdeckten das Haus und wurden die zweite Familie.

»Wohnzeile, ca. 1900. Stil erhalten, Zustand i.a. gut«, vermerkte Rolf Benders Notizzettel nach der Besichtigung. Und weiter: »Keller/Souterrain, Ölheizung (alt), EG (für uns) mit Windfang, Flur, Wohnzimmer, Schlafzimmer, Wintergarten, Bad, Küche. OG ähnlich, leer, für Fam. Korn. DG leer, bauen sie aus. Dach neu mit Dämmung. Fenster (Kastenfenster) o.k., Wände, Decken o.k., Dielenboden schief, Schalldämmung schlecht, noch klären.«

Der letzte Eintrag ging auf den skeptischen Blick seiner Frau zurück, als beim Ortstermin der Boden knarrte und man schrittweise verfolgen konnte, welchen Raum Verena Korn oben gerade inspizierte. Dort hatte sich überdies der Boden mit der Holzbalkendecke deutlich gesenkt.

Im Erdgeschoß mit seiner Massivdecke entfiel dieses Problem. Doch sollten sich hier wie im Obergeschoß die Dielen selber als Minus erweisen: gesund, aber höckrig und splittrig, ausgetreten und mit Fugen bis zu 1 cm. Das Ganze wurde von »modernen« Belägen unvollkommen kaschiert. Die Kunststeinböden in Küche

* Hier und in den folgenden Kapiteln handelt es sich um praxisgerechte Beispiele. Die Namen der Personen sind frei erfunden.

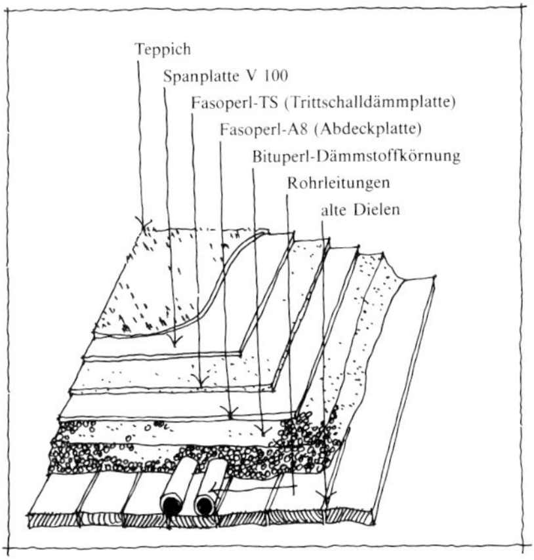

Sanierungs-Möglichkeit 1: In der verdichteten Wärmedämmschicht (Bituperl) liegt die Installation, über den Abdeckplatten (Fasoperl-A8) der Trittschallschutz (Fasoperl-TS).

und Bad des EG waren mit PVC überklebt, im Windfang und im Wintergarten aber noch original sichtbar – »so lassen«, stand auf dem Zettel.

Der übrige Bodenbefund: im Keller/Souterrain einfacher Mörtelestrich, für den gemeinsamen Hauswirtschaftsraum und erst recht für Elisabeth und Rolf Benders »Extrazimmer« viel zu fußkalt. Im DG-Speicher rohe Dielung auf ungedämmter Holzbalkendecke. Vor dem Ausbau müßte hier ebenfalls einiges geschehen. Gesucht war eine einfache Lösung, anwendbar auf allen Ebenen und geeignet für halbwegs heimwerk-tüchtige Leute. Von einem Handwerker kam der entscheidende Tip: eine wärmedämmende Ausgleichsschüttung. Empfohlen vom Heizungsinstallateur. »Da können Sie alles im Bodenaufbau unterbringen, zum Beispiel die Leitungen für die neuen Heizkörper.«

Wegen der Heizungsmodernisierung nämlich hatte Rolf Bender ihn befragt. Mit dem Ergebnis übrigens, daß die neuen Räume in Dach und Keller eine Niedertemperatur-Fußbodenheizung bekämen, die vorhandenen Küchen und Bäder neue Heizkörper statt der Elektroprovisorien, die guten alten Wohnraumheizkörper aber lediglich Thermostatventile. Zur Methode wußte der Mann vom Nachbarfach: »Sie schütten einfach drüber. Abziehen, Abdeckplatten drauf, Spanplatten drauf, Bodenbelag.« Das Material? »Bituperl*. Mineralkörner, mit Bitumen umhüllt. Das hat der Baustoffhandel.«

Dort recherchierte Rolf Bender weiter und konnte dem 2-Familien-Rat mit dem Höhenausgleich und der Wärmedämmung auch noch den Trittschallschutz offerieren. Beschluß: Akzeptiert. Benders ziehen so bald wie möglich ein. Alle zusammen machen das Obergeschoß fertig. Korns ziehen ein und wohnen ab. Weitere Arbeit getrennt, im Hauswirtschaftsraum wieder gemeinsam. Liste der Bodenbeläge aufstellen!

Die sah dann folgendermaßen aus: Keramik im Keller, in den Küchen und Bädern. Kokos in den Fluren und im Dachgeschoß. Wolle in Benders Schlafzimmer. Textil im Obergeschoß. Im Erdgeschoß-Wohnzimmer Parkett.

Rolf Bender bestellte die Materialien für den Unterbau und klärte die Termine mit dem Heizungsinstallateur. Zusammen mit seiner Frau nahm er am nächsten Tag im Obergeschoß die Fußleisten vorsichtig ab, die »antiken« Stücke sollten wiederverwendet werden. Anschließend zogen sie die Tapeten ab und spachtelten und schliffen kleine Fehlstellen an Wänden und Dek-

---

* Die hier und in den folgenden Kapiteln genannten Produkte sind beim Baustoffhandel erhältlich.

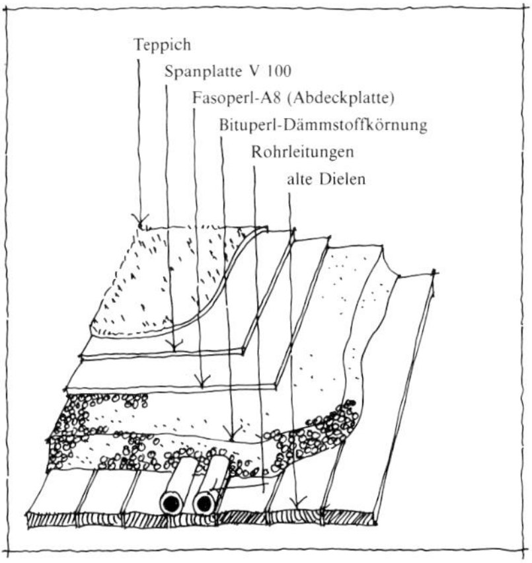

Sanierungsmöglichkeit 2: Im Erdgeschoß entfällt der Trittschallschutz. Dämmdicken bis 6 cm werden nicht verdichtet.

ken. Als Korns abends zur Verstärkung eintrafen, blieb nur noch die »Archäologie«: das Herausreißen der alten Bodenbelagsschichten bis zum Urgrund, dem Dielenboden. Denn der sollte im neuen Aufbau frei »atmen« können.

Freitags legte der Heizungsbauer die Vor- und Rückläufe in Küchen und Bädern dicht über den Boden. Rolf Bender kontrollierte inzwischen die Materialeingänge, die von Verena Korn bestellten tonroten Keramikplatten und den Textilboden. Dann das Basismaterial: die bituminierte Mineralkörnung, verpackt in handlichen 125-l-Säcken zu 20 kg, die Abdeckplatten (Fasoperl-A 8), die Trittschallschutzplatten (Fasoperl-TS) und die 19-mm-Spanplatten V 100, die sich 24 Stunden an das Raumklima anpassen sollten. Packpapier für den Rieselschutz. Leim, Grundierung und Kleber für Spanplatten und Oberbelag. Für das planebene Abziehen der Ausgleichsschüttung das Hauptwerkzeug: Auflegeschienen und

Die Packpapierlage verhindert ein Ausrieseln der Körnung.

Abziehlehren mit eingebauter Wasserwaage (auch das Arbeiten mit Rohren wäre möglich, Rolf Bender hatte sich aber für die Lehren entschieden).

Abends in der Arbeitsbesprechung ergänzten die vier die Werkzeugliste – mit Schlauchwaage, Zollstock, Reibebrett, Handstampfer, Zuschnittsäge, Teppichmesser, Kleberspachtel, Quast und Eimer nicht besonders lang. Dazu noch die Bituperl-Verarbeiterbroschüre, angefordert vom Hersteller. In Korns Küche und Bad, den Pilot-Räumen, wurde schon das Packpapier ausgerollt. Es verhinderte das Ausrieseln der Dämmstoffkörnung und war gleichzeitig diffusionsoffen.

Am Samstag erwies sich die Vierer-Mannschaft rasch als Überbesetzung. Die beiden Männer fühlten sich nicht gerade ausgelastet, denn die Frauen stellten den »Bezugshorizont« her: eine gedachte Hilfsebene, von der aus die wirkliche Schüttungsebene gefunden werden sollte. Verena Korn guckte sich dafür einen Punkt

Von den Schlauchwaage-Marken leitet sich die waagerechte Lage des neuen Bodens ab.

aus. Augenhoch an der Seitenwand der Küche, ganz nah bei der Außenwandecke machte sie die erste Bleistiftmarke.

Dort legte sie den einen Wasserpegel der beidseits entstöpselten Schlauchwaage an, mit dem anderen bestimmte Elisabeth Bender Punkt 2 an derselben Wand, im Abstand von maximal 2,50 m vom Punkt 1: So lang waren die Schienen und die Lehre, deren Ausrichtung die Punkte dienten.

Punkt für Punkt verteilten so die Frauen an den Wänden bis ins Bad hinüber, in Nischen großzügig ein paar mehr, hier würde man mit dem Reibebrett statt mit der Lehre abziehen müssen. Anhand der punktierten Denkebene maß man nun die reale Schieflage des Bodens. 160 cm lag Punkt 1 über dem Boden, 162 cm der Punkt bei der Tür zum Flur, 165 cm aber der Punkt in der früheren Herd-Ecke. Also betrug die Maximaldifferenz 5 cm. Sicherheitshalber übertrugen die beiden »Geometer« die Punktebene noch bis zum höchstliegenden Bodenbereich im Wohnteil. Auch er lag nicht weniger als 160 cm unter der Marke. Keine Gefahr also, daß die herzustellende Küchenbodenebene sich drüben nicht stufenlos fortsetzen ließe.

Auch die nun folgende kleine Rechenarbeit ließen sich die Frauen nicht nehmen: »Größte Dicke der Dämmstoffkörnung ist gleich 8 cm, nämlich 5 cm Ausgleich plus 3 cm Zugabe, um die 15-mm-Heizungsrohre auch im hohen Bodenbereich sicher einzubetten. Ohne die Rohre würde 1 cm Zugabe reichen, damit die Dämmstoffkörnung nicht auf Null ausläuft. Also: Maximum ist 165, minus 8 ist 157. Angenommen, die gedachte Ebene fährt im Fahrstuhl um 157 cm tiefer, dann landet sie auf dem Niveau der Dämmschicht. Da diese dicker ist als 6 cm, zumindest stellenweise, muß sie zusätzlich verdichtet werden.

Während dieses lauten Nachdenkens hatte Rolf Bender eine 157-cm-Meßlatte gesägt, legte sie oben an die Wandpunkte an, markierte am unteren Ende die Fußpunkte und erhielt somit das Niveau der Dämmschicht im verdichteten Zustand. Unverdichtet würde es um 10% höher liegen, also mußte er von den Fußpunkten aus zurückmarkieren, jeweils 10% des Bodenabstands.

Beispiel: Der Fußpunkt in der Herd-Ecke lag, ganz wie beabsichtigt, 8 cm über dem Boden. Die Arbeitsmarke rutschte folglich um 0,8 cm höher, die anderen Arbeitsmarken entsprechend ihrem geringeren Bodenabstand weniger. Alle Arbeitsmarken versah er zusätzlich mit einem Hinweispfeil von oben.

Auf fragende Blicke griff er einen Sack mit Körnung, schnitt ihn oben quer auf und schüttete den ersten

Die erste Auflegeschiene mit eingebauter Wasserwaage wird an der Wand auf Bituperl-Streifen ausgerichtet.

Streifen an der Längswand entlang, gut 30 cm breit und ordentlich hoch. Die Arbeitsmarken gingen im Strom der schwärzlichen Körnchen unter, die Pfeile zeigten ihre Position. Mit dem Reibebrett scharrte er sie vorsichtig wieder frei, ohne die Dämmschicht zu verdichten. Mit einer der Schienen streifte er die Körnung zwischen den Marken bis auf deren Höhe weg und legte die Schiene auf.

Die Libellen zeigten an: exakte Waage-Lage. Den 5-cm-Abstand der Schiene von der Wand erklärte er: So weit ragt die Abziehlehre über, auf der anderen Seite übrigens auch. Den Streifen für diese andere Seite durfte Lothar Korn schütten: im Abstand von 2,50 m parallel zum Streifen 1, mitten durch den Raum und etwas höher als den ersten Streifen.

Darauf kam die zweite Schiene zu liegen. Sie wurde nun gleichfalls in die Waage gebracht, mit Hilfe der quer auf beide Schienen aufgelegten Abziehlehre,

Die Körnung wird links und rechts an die Schienenbettung angeschüttet, dann wird der Freiraum verfüllt.

die auch Libellen besaß. Das Schütten konnte beginnen.

Beruhigt überließen Elisabeth Bender und Verena Korn ihre Männer ihrer »1-Mann-Beschäftigung«. Sie selber würden weiter markieren, Packpapier auslegen und sich später die Schienen und Lehren für den nächsten Raum holen.

Das Verfüllen des Zwischenraums zwischen den beiden Streifen bot dann tatsächlich nur Arbeit für einen. »Nie ins Bituperl treten! Immer zur Tür hin arbeiten! Nicht vorzeitig verdichten!«, schrieb sich Lothar Korn als Merkvers an die Stirnwand und begann dort zu schütten, links und rechts an die Lehrenstreifen anschließend. Die Zone in der Mitte ließ er als Operationsbasis frei.

Auch beim folgenden ersten Abziehen mit der Lehre über die Schienen blieb noch Freiraum in der Mitte. Ihn verfüllte er im zweiten Gang: Abziehlehre an der

Die Dämmstoffkörnung wird zur Tür hin abgezogen.

Startlinie wieder aufsetzen, auf der linken Seite des Freiraums weitere Körnung einfüllen, mit der rechten Hand (für Linkshänder: mit der linken) die Lehre vorziehen, mit der anderen bzw. mit dem Reibebrett Dämmstoffkörnung zur Mitte befördern, der auf den Schienen gleitenden Abziehlehre vor den »Bug«. Rolf Bender hatte inzwischen schon den gegenüberliegenden Wandstreifen geschüttet und die Marken wieder freigelegt. Nun setzte er die freigewordene Wandschiene hier auf und richtete sie aus. Die Entfernung von 1,18 m zur Mittelschiene war zu kurz, auch für die kleinere 1,25-m-Lehre aus dem Set. Also legte er mit Lothar Korn die Mittelschiene entsprechend weiter zur Mitte auf die schon abgezogene Dämmstoffkörnung. Dann füllte und planierte er das neue Feld.

Mit dem nächsten Arbeitsschritt im selben Schema landete man schon bei der Tür zum Flur, der wegen seiner Treppenanbindung nicht höher gelegt werden

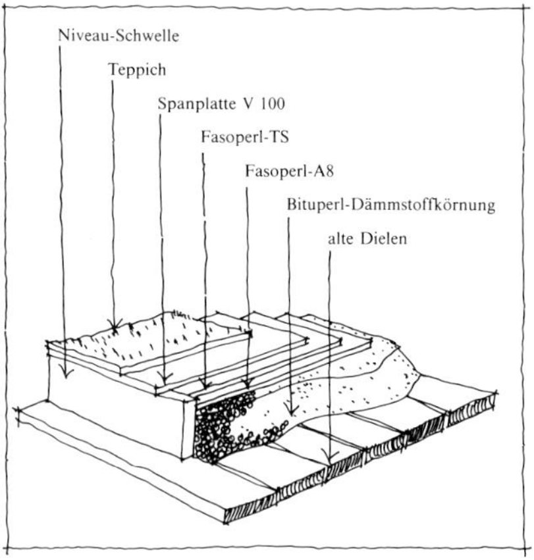

Sanierungsdetail am Übergang zwischen altem und neuem Boden-Niveau (integrierte Schwelle).

sollte. So entstand an der Tür eine Niveauschwelle, daher brauchte die Tür auch nicht gekürzt zu werden wie die Küchentür zum Wohnzimmer. Bei beiden Türen reichte die Dämmschicht bis in den Schwellenbereich, ein Sperrbrett verhinderte das Ausrieseln.

Abgezogen wurde hier mit dem Reibebrett.

Die »weibliche Konkurrenz« wartete mittlerweile auf die Lehren. Die Fußpunkte im Schlafzimmer waren gesetzt, mit einer 156er-Latte (statt 157, denn der Textilbelag war 1 cm dünner als die Keramikplatten, das mußte die Dämmstoffkörnung auffangen). Und auch das Verdichtungsmaß von 10% war von diesen Fußpunkten aus zurückmarkiert.

Vor Rolf Bender und Lothar Korn aber breitete sich die schwarze Ebene. An der Flurtür beginnend verlegten sie die Abdeckplatten (Fasoperl-A 8, Holzfaserdämmplatten nach DIN 68750) und arbeiteten sich in den Raum vor, die bereits gelegten Platten als Basis

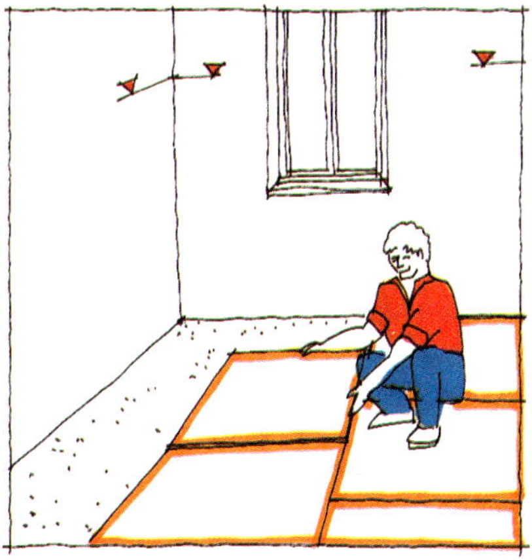

Abdeckplatten (Fasoperl-A8) sichern die abgezogene Bituperl-Schicht. Kreuzfugen sind zu vermeiden.

nutzend: Nie ins Bituperl treten! Kreuzfugen vermieden sie.

Für den Zuschnitt war das Teppichmesser gerade richtig. Zur Kontrolle der noch erforderlichen Verdichtung schnitt Rolf Bender von der 157er-Latte 8 mm ab, entsprechend der Dicke der Platten, und verdichtete die ganze Fläche mit einem Kantholz als Handstampfer und einem Stück Spanplatte als Druckverteilung.

Lothar Korn hatte nichts weiter zu tun, als die fortschreitende Verdichtung zu beobachten. Dazu hielt er einfach die verkürzte Latte an die Punkte in Augenhöhe. War die Plattenoberfläche bis zur Lattenunterkante abgesenkt, stimmte die Verdichtung. In den beiden Türbereichen schnitt Rolf Bender nun ein Stück des Plattenbelags wieder heraus und paßte statt dessen einen Spanplattenstreifen als »verdecktes Schwellholz« ein, dessen Oberfläche mit der angrenzenden Plattenoberfläche eine Ebene bildete.

Das Verdichten (Dämmdicken ab 6 cm) erfolgt auf der Abdeckplattenlage (Fasoperl-A8), Stoßverteiler einschalten!

Nun war die Trittschallschutz-Schicht an der Reihe (Fasoperl-TS, Trittschalldämmplatten nach DIN 18165), ihre Verlegung brachte nichts prinzipiell Neues. Eine Verdichtung war nicht mehr erforderlich, ja sogar »verboten«, diese Platten dürfen nicht bestampft werden.

Verena Korn und Elisabeth Bender, interessierte Kiebitze bei jeder Arbeitsphase, hatten kräftig aufgeholt und im Schlafzimmer schon die erste Abdeckplattenschicht verlegt. Für das Einpassen der Schwellbretter holten sie sich noch Rat, dann gingen sie zur Arbeit im Bad über.

Die Männer legten mittlerweile die Spanplatten auf, vermieden auch hier Kreuzfugen, und verbanden die einzelnen Tafeln durch Verleimen in den Fugen. Der Randabstand von 15 mm diente gleichzeitig zum Verkeilen während der Leimabbindezeit.

Danach folgten die Grundierung nach Herstellervor-

Der Spanplattenunterboden wird in Nut und Feder verleimt.

schrift und die Restarbeiten im Bad – die Frauen kochten ein schnelles, spätes Mittagessen. Anschließend konnten die roten Keramikplatten aufgeklebt werden, jeweils Hand in Hand in Zweiergruppen. Das Plattenformat betrug empfehlungsgemäß 10 × 10 cm, denn größere Formate wären auf Spanplattentrockenestrich kritisch.

Im Bad beging man aber doch einen Regelverstoß: Eigentlich hätten die Gipskartonplatten an den Wänden schon angebracht sein sollen. So müßte man später besonders gut darauf achten, daß bei diesem Arbeitsgang keine Fugenspachtelmasse in den Randabstand des Bodenaufbaus liefe, denn die Spanplatten müssen wirklich frei »schwimmen«.

Als Resultat eines Arbeitstages wurde verbucht: 2 Räume bis aufs Verfugen der Bodenplatten komplett fertig, 1 Raum vorbereitet. Der Rest des Obergeschosses war für den Sonntag vorgesehen: das Schütten und

Teppichboden als eine von mehreren Möglichkeiten des Bodenbelags.

Abdecken im Wohnzimmer, die in beiden Räumen notwendige Trittschallschutzschicht, die Spanplatten und der Teppich.

Eins aber wollte Elisabeth Bender schon beim gemeinsamen Sonntagsfrühstück wissen: Sie bat Verena Korn, oben mal durch die Küche zu laufen. Mit schlecht verhehltem Stolz blickten die Männer sich an – nichts war zu hören. Abends aber durfte die »Testperson« barfuß über ihren neuen Teppich schreiten. Sie lobte die Fußwärme, und Rolf Bender wies auf das Fehlen des Knarrens hin.

In der weiteren Arbeit würden Korns im Dach zuerst die Zwischenwände einziehen, dann käme der Boden. Die NT-Fußbodenheizung würde hier nicht in der Dämmschicht, sondern über den Trittschallschutzplatten verlegt werden. Weiterer Aufbau nach Herstellervorschrift, und zuletzt eben der Kokos.

Benders wollten Raum für Raum bearbeiten. Die

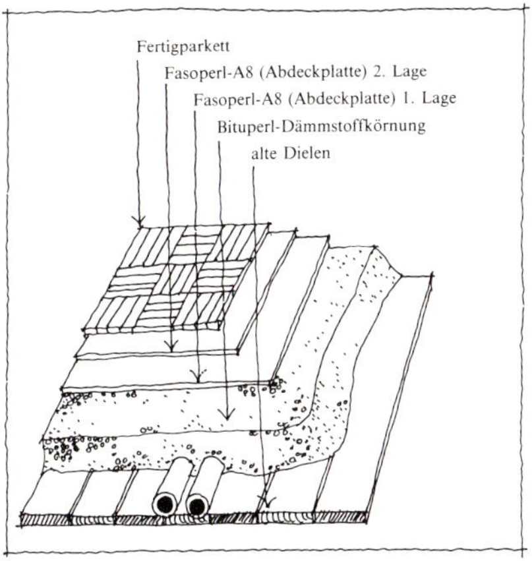

Sanierungsmöglichkeit 3: Fertigparkettdielen benötigen keinen Spanplattenunterboden, jedoch zwei Lagen Fasoperl-A8 statt einer.

Trittschallschutz-Schicht entfiele, ebenso der Arbeitsgang des Verdichtens, und die PVC-Platten über dem Kunststein konnten bleiben. Der Erdgeschoß-Dielenboden war zwar ausgetreten und fugig, aber ziemlich in der Waage, daher könnte die Dämmschicht unter 6 cm bleiben. Zum Ausgleich gab es etwas mehr Denkarbeit, denn unter dem Fertigparkett müßten zwei Lagen der Abdeckplatten (Fasoperl-A 8) liegen statt einer wie im übrigen Erdgeschoß. Dies und die unterschiedlichen Dicken der Oberbeläge (Wolle, Parkett, Kokos, Keramik) müßten schon in der Bituperlschicht aufgefangen werden. Das alles wurde von den mittlerweile geübten Bodensanierern in 2 Wochen Feierabend- und Wochenendarbeit geschafft, im Keller traf man sich wieder. Einziges Novum: Statt des gewohnten Packpapiers wurde hier Bitumendichtungsbahn als Feuchtigkeitssperre verlegt. Den Aufbau ohne Trittschallschutz, aber mit NT-Fußbodenheizung, kannte man schon.

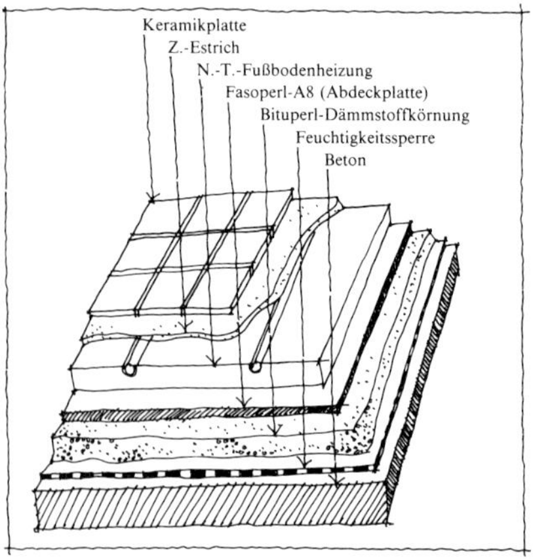

Sanierungsmöglichkeit 4: Aufbau mit integrierter Fußbodenheizung und Feuchtigkeitssperre (gegen Kellerboden).

Einziger Minuspunkt: Auf dem frisch verklebten Keramikboden konnte man noch nicht feiern. Doch Benders hatten ja ein Wohnzimmer komplett mit Parkett.

Einsatzbereiche:
Höhenausgleich in der Fußbodensanierung;
Wärmedämmung unter Trockenestrichen im Alt- und Neubau;
Trittschalldämmung von Geschoßdecken

Materialdaten:

1. Bituperl, Dämmstoffkörnung; expandiertes, bituminiertes Perlit

Korngröße:	0–7 mm
Schüttdichte:	ρ_S = ca. 165 kg/m³
Einbaudichte:	ρ = ca. 185 kg/m³
Rechenwert der Wärmeleitfähigkeit:	λ_R = 0,06 W/(m · K)
Baustoffklasse:	B 2 nach DIN 4102
Lieferung:	in 125-l-Plastiksäcken
Bedarf:	11 l je m² Fläche und je cm Dicke

2. Fasoperl-A8, Abdeckplatten: Holzfaserdämmplatten nach DIN 68750

Dicke:	8 mm
Format:	1250 × 1000 mm
Rechenwert der Wärmeleitfähigkeit:	λ_R = 0,056 W/(m · K)

3. Fasoperl-TS: Trittschalldämmplatten nach DIN 18165

Dicke d_L/d_B:	12/11 mm
Format:	1000 × 625 mm
Wärmeleitfähigkeitsgruppe:	040

Trittschallschutzverbesserungsmaß in Verbindung mit Bituperl und 19-mm-Spanplatten: 24 dB

Verfahren:
A1: alter Dielenboden, Einbaudicke der Ausgleichsschüttung bis 6 cm, keine erhöhte Anforderung an die Trittschalldämmung:
Alte Beläge entfernen, Schüttungs-Niveau markieren (mind. 1 cm über altem Boden), Packpapier ausrollen, Rand- und Mittelstreifen mit Bituperl als Lager für die Auflegeschienen schütten, Schienen legen und ausrichten. Bituperl in Zwischenraum schütten, Arbeitsfreiraum lassen, mit Lehre abziehen, zur Tür hin arbeiten.
Von der Tür aus Abdeckplatten Fasoperl-A8 in den Raum verlegen, ohne Kreuzfugen, mit Wandabstand. Im Türdurchgang Abdeckung herausschneiden, Schwellholz einpassen. Aufbau über der Abdeckung: 10-mm-Spanplatte V100, Teppich oder Keramik (bis 10 × 10 cm). Bei Fertigparkett: 2. Lage Fasoperl-A8, dann Parkettelemente.

A2: Einbaudicke der Ausgleichsschüttung über 6 cm: auf Abdeckplatten Fasoperl-A8 mit Handstampfer und Druckverteilung um 10% verdichten.

B1: Einbaudicke der Ausgleichsschüttung bis 6 cm, mit erhöhter Anforderung an Trittschalldämmung: wie A1, jedoch statt Abdeckplatten Fasoperl-A8 die Trittschalldämmplatten Fasoperl-TS verlegen.

B2: Einbaudicke der Ausgleichsschüttung über 6 cm, mit erhöhter Anforderung an Trittschalldämmung: Schüttung abdecken mit Fasoperl-A8, verdichten, dann erst Fasoperl-TS verlegen.

C1: Installationleitungen, auf der Rohdecke verlegt: Einbetten in die Bituperlschicht, Rohre fixieren, Überdeckung mindestens 10 mm.

C2: Bei Fußbodenheizungen: Herstellen der Ausgleichsschüttung, abdecken, ggf. verdichten, Heizelemente verlegen, weiterer Aufbau nach Herstellervorschrift.

Die warme Decke
Oder: Wie die dritte und vierte Generation den Dachboden der Väter dämmte

Ein Haus mit landläufigem Mangel: Die Decke zum Dach war ungedämmt. Der Wärmeschutz wurde zwischen die Balken geschüttet.

Die Bodendielung wird gelöst und später wieder verwendet.

In der Familie Sundinger gab es so etwas wie eine Pioniertradition. Die vorvorige Generation war entgegen dem Zug der Zeit in ihrem Haus in der ländlichen Gemeinde wohnen geblieben, obwohl die Stadt bessere berufliche Möglichkeiten geboten hätte. Die zweite Generation hatte das Haus südlich um eine »Sonnenstube mit Kachelofen« erweitert, als noch niemand von passiver Energienutzung und alternativen Energiequellen sprach. Dazu war das Steildach des Hauses traufseitig abgeschleppt worden und hatte über dem Anbau auch schon den Dachüberstand als Sonnenschutz. Und als das Energiesparen staatlich gefördert wurde, waren im ganzen Haus Isolierglasfenster eingebaut worden, zur Freude des Dorfschreiners mit Sprossen.

Die dritte und vierte Generation waren Hans und Ulla Sundinger und ihre Kinder Meike und Mark. Für sie war das Haus gerade richtig, groß genug auch ohne weitere Neuerungen, wie etwa Dachausbau.

Für eine wirksame Dämmung mit Isoself-Dämmstoffkörnung sind 10 cm »Luft« das Minimum.

Klar seien sie trotzdem Pioniere, meinte Mark. Wie echte Pioniere schwitzten sie in ihrem Haus im Sommer und frören im Winter, wenn nicht gerade alles überheizt wäre. Und ein Junge, der mit 12 Jahren dauernd Holz hacken müßte für den Kachelofen, was wäre der wohl? Seine zwei Jahre ältere Schwester ergriff ausnahmsweise seine Partei. Der Erklärung ihrer Mutter, das käme hauptsächlich von der ungedämmten Decke zum Dach, und dem Versprechen ihres Vaters, noch diesen Sommer würde gedämmt, hörten sie kaum zu. Nur die Erwähnung, sie könnten dann ja ein paar Säcke tragen helfen, machte Mark hellhörig: er habe es gewußt.

Als sein Vater dann im Dachboden zu wirken begann, eine Diele freischnitt und losstemmte und im Deckenhohlraum mit dem Zollstock hantierte, wurde er doch neugierig. Er half sogar, sein altes Kinderbett und ein paar Dinge früherer Sundinger-Generationen in die eine Hälfte des Dachraums zu verlagern. Und als die

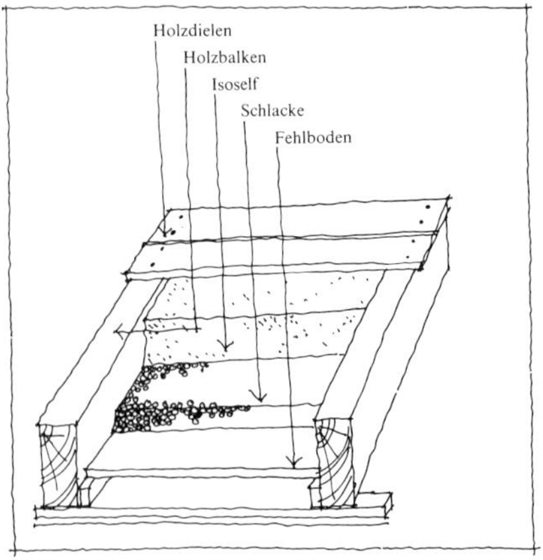

Dämmsanierung einer traditionellen Holzbalkendecke: Die Dämmstoffkörnung Isoself wird in den Hohlraum oberhalb des »Einschubs« gefüllt.

Säcke dann eintrafen, war Mark beinahe enttäuscht: Ganze 9 kg wog ein 100-l-Sack der »verarbeitungsfertigen Dämmstoffkörnung« Isoself. Die könnte Meike leicht allein nach oben schaffen. Und überhaupt dämmten andere Leute die Schrägen und nicht den Boden. Natürlich, sagte sein Vater, wenn oben ausgebaut ist. In ihrem Fall aber würden sie dann den Dachboden für die Mäuse mitheizen. Und die Fläche der Dachschräge sei auch noch größer als die Bodenfläche.

Später »durften« beide Pioniere der vierten Generation erst einmal helfen, den Dielenbelag abzunehmen, hatten jedoch nichts zu tun, als die von ihrem Vater aufgenommenen Dielen im arbeitsfreien Teil des Dachs zu stapeln. Sundinger löste zuerst die Dielen außen an der Traufe. Zwar wurde es hier unter der Dachschräge anfangs etwas unbequem, doch konnten die Kinder auf der noch liegenden Fläche laufen und er selber darauf arbeiten. Unter den Dielen kam zum Vorschein, was er

Wie in eine Gußform wird die Körnung eingeschüttet.

durch die Voruntersuchung schon wußte: die Balken, dazwischen rund 12 cm tiefer Luftraum, dann 5 cm Schlacke, darunter auf seitlich angenagelten Latten ein zwischen die Balken gepaßter Fehlboden aus einfacher Schalung. Den Rest konnte er raten: wieder Luftraum, viel dünner jedoch, dann Deckenputz auf Putzträger, nämlich unterseits durchgehende Schalung mit Strohgeflecht und Kalksandputz, das besagte auch die Überlieferung.

Mark rechnete nach: Fläche des Dachbodens minus Deckfläche der Balken, mal 0,12 m Luftraumtiefe gibt den Bedarf in Kubikmetern. Mal zehn gibt die Zahl der Säcke. Also viel zu viel gekauft! Plus Bedarf für den Anbau, korrigierte sein Vater. Außerdem habe er nicht nur wegen der Bedarfsrechnung die Tiefe so genau gemessen. Vielmehr hatte ihm sein Baustoffhändler gesagt, erst ab 10 cm lohne sich das Dämmen überhaupt, sonst müsse man »auffüttern«.

Beim Abziehen verteilt sich das Dämm-Material in alle Winkel.

Nun, zumindest das Auffüttern, ein Aufnageln von Hölzern längs auf die Balken, war nicht nötig. Die Dämmarbeit konnte nach dem Entfernen der Dielen unmittelbar starten. Zu dritt brachte man einen Vorrat der Dämmstoffkörnung ins Zwischenlager. Hans Sundinger nahm einen Sack, schnitt ihn an einer Ecke auf und trug ihn zum Anfang des ersten Balkenfeldes. Dabei lief er möglichst über die Balken, trat jedenfalls im Zwischenraum nie auf, die Tragfähigkeit des Einschubs wollte er nicht über Gebühr strapazieren. Dann begann er zu schütten. Fasziniert sahen seine Kinder zu, wie sich die weißen Mineralkörnchen in den Raum zwischen den Balken ergossen. Ihr Vater ließ in der Mitte einen Berg auflaufen, den er dann abzog: mit einem Brett, hochkant gehalten, über die Oberkante der beiden benachbarten Balken geführt. Die Fläche glättete sich, die Hohlräume füllten sich bis zur Höhe der Balken, die Körnung floß in alle Winkel und folgte sauber

Die alten Dielen werden neu verlegt.

und ohne Fugen dem Verlauf der Balken mit seinen Unregelmäßigkeiten. Das könnten sie auch, meinten Meike und Mark, und fragten ihren Vater, ob er ihnen nicht einen Kakao kochen wolle. In der Zwischenzeit teilten sie sich die Arbeit. Mark schüttete und zog ab. Meike brachte die Säcke, legte aber ein paar Dielen für sich als Laufsteg und für Mark als Arbeitsbühne und gab ihm »gute« Ratschläge, zumindest solle er Handschuhe anziehen. Mark ließ sie ausprobieren, daß die Körnchen keineswegs juckten oder brannten, und tauschte auch gleich die Arbeit mit ihr: sie käme nicht schnell genug mit dem Nachschub. Nach der Kakao-Pause jedenfalls konnte Hans Sundinger bald schon wieder die ersten Dielen aufnageln, während seine Kinder den Rest der ersten Dachhälfte dämmten.

Die Arbeit in der zweiten Hälfte lief im Prinzip ähnlich, nur schlugen die Kinder vor, hier könne Mutter mal helfen, das seien auch ihr Dachboden und ihre

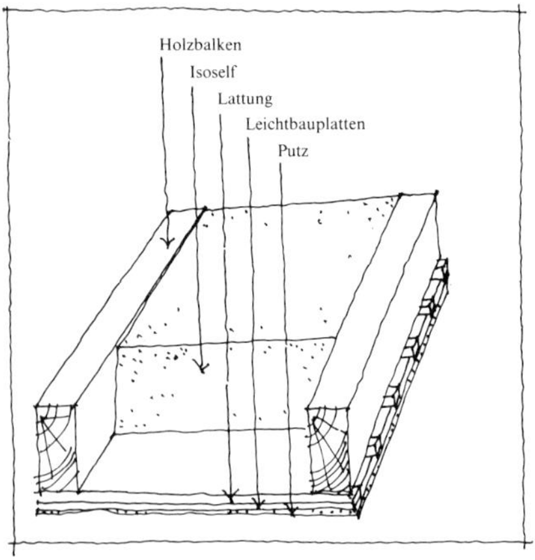

Dämmsanierung einer Holzbalkendecke neueren Typs: Der gesamte Hohlraum oberhalb des Putzträgers (bzw. der Gipskartonverkleidung) steht zur Verfügung.

Kräuter, die da trockneten. Ulla Sundinger sparte sich den Hinweis, daß genau unter diesem Teil die Zimmer von Sohn und Tochter lagen. Sie fragte später nur, wie es sich jetzt schliefe unter der neuen warmen Decke. Mark wollte mit seinem Urteil ein Jahr warten, Meike aber fand doch etwas bemerkenswert: Die Mäuse waren weg. Dabei hatte sie heimliche Angst gehabt, daß sie in der Dämmstoffkörnung noch schlimmer rascheln würden als vorher in der hohlen Decke. Da gingen Mäuse natürlich nicht hinein, erklärte ihr Bruder mit seiner Zwei in Biologie: Wenn sie versuchten, einen Gang zu wühlen, würde der ja immer wieder zusammenstürzen. Blieb noch die Restarbeit im abgeschleppten Dachbereich über der »Sonnenstube«. Hier lagen die Balken offen, zwischen ihnen war der Aufbau der Deckenunterschicht zu sehen: die unter die Balken genagelte Lattung und die daran befestigten Holzwolle-Leichtbauplatten als Putzträger. Hier durfte man also keinesfalls zwischen die Balken treten. Bis zum Schornstein des Kachelofens lag ein Steg, in den übrigen Bereichen aber benutzte Hans Sundinger ausgelegte Dielen als Lauf- und Arbeitsplattform. Im niedrigsten Teil des Daches mußte er zwar beinahe kriechen, aber sonst war das Arbeiten noch einfacher als im alten Dachraum, denn das Abnehmen und Wiederaufnageln der Dielen entfiel – er brauchte die Dämmstoffkörnung lediglich über die Balken abzuziehen.

In diesem fast separaten Dachraum mit seinen intakten Falzziegeln zog es auch kaum, also brauchte die Dämmstoffkörnung nicht gegen »Verwehungen« abgesichert zu werden.

Die Arbeit beanspruchte nicht einmal eine Stunde seines Feierabends. Seine Frau übernahm es, die leeren Säcke hinunterzuschaffen, Papier auf dem Dachboden war ihr nicht geheuer. Jedenfalls seien die Mineralkörnchen nichtbrennbar, beruhigte sie ihr Mann, als es gerade verdächtig rauchig roch. Meike und Mark hatten das Essen anbrennen lassen.

Mark gab übrigens sein Urteil noch ab, längst bevor im nächsten Jahr die deutlich niedrigere Heizölrechnung vorlag: Der Sommer war noch ein wirklicher Sommer geworden, und die Backofenglut des Dachs hatte diesmal den Wohn- und Schlafbereich darunter kühl gelassen.

Einsatzbereich:
Wärmedämmung von Dachböden (oberste Geschoßdecke) in Alt- und Neubauten

Materialdaten:
Isoself®, mineralische Dämmstoffkörnung, staubgebundenes expandiertes Perlitgestein

Korngröße:	0–6 mm
Schüttdichte:	ρ_s = ca. 90 kg/m³
Rechenwert der Wärmeleitfähigkeit:	λ_R = 0,055 W/(m · K)
Baustoffklasse:	A 1 nichtbrennbar nach DIN 4102
Lieferung:	in 100-l-Papiersäcken
Bedarf:	10 l je m² Fläche und je cm Dicke

Verfahren:
A 1: Holzbalkendecke mit oberem Dielenboden, mit Einschub und evtl. mit Asche-, Schlacke- oder Lehm-Schicht im Hohlraum:
Dielenstück probeweise abnehmen, Luftschicht messen: 10 cm Mindestschichtdicke ist empfohlen. Dielen abnehmen, zwischenlagern. Ggf. Balken mit längs aufgenageltem Holz bis zur Luftraumhöhe von 10 cm »auffüttern«. Dämmstoffkörnung Isoself® einfüllen, mit einem Brett über die Balken bzw. Auffütterungen abziehen. Dielen wieder verlegen. Arbeit möglichst von den Balken oder von ausgelegtem Steg (Dielen oder Platten) aus. Einschub nur gering belasten.
A 2: Oben offene Holzbalkendecke, Deckenunterschicht Gipskarton oder Putzträgerplatten auf Lattung: Einfüllen und Abziehen der Dämmstoffkörnung wie in A 1. Nur auf den Balken oder ausgelegten Stegen laufen. Bei größerer Luftbewegung im Dachraum die Dämmschicht mit Wellpappe oder Glasvlies diffusionsoffen abdecken oder durch befeuchtete Zementpuderung an der Oberfläche leicht verfestigen.

Die warme Decke II
Oder: Wie ein flachgeneigtes Walmdach auf die Höhe der Zeit gebracht wurde

Das moderne Haus mit antiquiertem Wärmeschutz erhielt seine »Dämm-Auflage« auf der Betondecke.

Der Gedanke, ihr Haus einen Altbau zu nennen, war der Familie Markert noch nicht gekommen. Gerade 12 Jahre wohnten sie in ihrem Walmdach-Winkelbungalow, zwar am Osthang, aber nah beim Wald. Die Familie, das waren Georg und Birgit Markert, ihr Sohn Thomas, Abiturient, und seit kurzem auch Bernhard Markert, Ruheständler. Ein recht aktiver allerdings. Seit er nicht mehr beim Bauamt arbeitete und auf Vorschlag seines Neffen ins Markertsche Souterrain gezogen war – übergangsweise, wie er sich vorbehielt –, hatte er z. B. dem Garten in der heiklen Lage zu anerkannt freudigerer Blüte verholfen.

Von ihm stammte auch die gutmütig-spöttische Bemerkung vom Altbau. Niemand nahm's übel, aber eine Begründung wollte Georg Markert doch wissen. Der Mann vom Fach listete auf: ein Heizkessel aus der »frühen Ölzeit«, kaum Wärmeschutz für die Außenwände, 2-Scheiben-Isolierglas, gerade noch akzeptabel, aber dann das Dach, bzw. die ungedämmte Betondecke zum Dachraum: eine offene Tür für die Kälte.

Und die Ölrechnung, ergänzte sein Neffe; also hatte die verwandtschaftliche Kritik doch wohl offene Türen eingerannt. Er hatte sich auch schon etwas überlegt: eine Dämmung hinter einer Holzverkleidung für die Außenwände und für das Dach von innen her, zwischen den Sparren. Im Etat des nächsten Jahres dann ein neuer Kessel.

Bernhard Markert wollte hier gern seinen Beitrag leisten und auch mittun bei der Arbeit, aber für die Dämmung des Dachbodens wußte er eine elegantere Lösung. Er schlug vor, auf die Betondecke einfach eine Dämmstoffkörnung aufzubringen, nach der Regel:

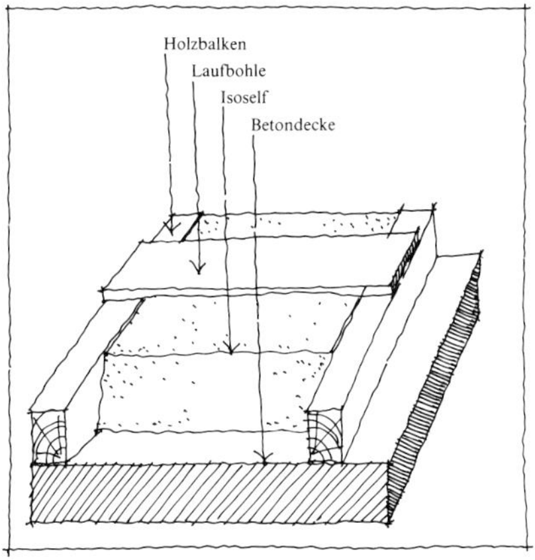

Dämmsanierung einer Betondecke: Die Körnung Isoself wird in der erforderlichen Schichtdicke aufgebracht.

»Gedämmt wird der warme Raum und nicht der kalte«, um nicht unnütze Kubikmeter mitzuheizen. Die Schrägen zu dämmen, sei im ausgebauten Dach sinnvoll, aber in einem unausgebauten und wegen der flachen Neigung auch nicht ausbaubaren werde konsequenterweise der Boden gedämmt. Weitere Argumente: Die Grundfläche ist kleiner als die Summe der Schrägenflächen, ergo weniger Material, Schütten geht schneller als Stückeln, besonders im Walmdach, ergo weniger Arbeit. Und drittens: Die Dämmschicht liegt fugenlos, ergo mehr Sicherheit. Übrigens auch Feuersicherheit, das Material ist nichtbrennbar. Birgit Markert interessierte vor allem die Gesundheit, sie wollte schon wissen, was sie sich da ins Haus holten. Ein natürliches vulkanisches Mineral, gekörnt, durch Hitzebehandlung expandiert und staubgebunden. Angenehm bei der Arbeit und gesund für das Haus, erläuterte Bernhard Markert. Nur Mäuse und andere Tierchen hätten keinen

Schütten und Glattziehen, mehr ist nicht nötig.

Gefallen daran. Aha, meldete sich der Abiturient. Weil sie darin nichts zu fressen finden und keine Nester bauen können, kam der Nachtrag.

Georg Markert wollte nur noch wissen, wie dick die Schicht sein müsse. Je nach Wärmeschutz-Wunsch, aber mindestens 10 cm, 12 schlage er vor, sagte sein Onkel, das hänge auch vom Detail ab, z. B. von der Höhe der Fußpfetten.

Nach dieser detailreichen Vorgeschichte war die eigentliche Geschichte beinahe simpel. Das Material – Isoself – wurde in Säcken geliefert, Thomas stemmte die 9-kg-Leichtgewichte durch die Bodenluke, sein Vater und seine Mutter nahmen sie ab, öffneten sie und schütteten die 100 l Inhalt dem »Gärtner« vor die Harke. Geübt und gleichmäßig zog Bernhard Markert die Schüttkegel der weißen Körner zu einer sauberen Fläche glatt. Dazu benutzte er ein Stück 12er Kantholz. Wie in einer Wanne lag die Dämmschicht zwischen den

Fußpfetten des Dachs. Zum Schluß, bei der Luke, arbeitete er allein. Als er zum gedeckten Kaffeetisch kam, war sein Neffe auf den Geschmack gekommen: Einen »Inspektionssteg« sollte man noch bauen. Bernhard Markert erklärte sich bereit, das ganz allein zu übernehmen. Alle zusammen aber sollten sich schon Gedanken über die Holzverkleidung der Fassade machen. Und über die Heizanlage. Mit dem neuen Wärmeschutz würde eine kleinere Kapazität reichen und eine niedrigere Vorlauftemperatur, und an den Heizkörpern brauchten sie wahrscheinlich gar nichts zu ändern. Zeit für ihn, sich mal anderswo umzusehen. Vielleicht in einem wirklichen Altbau.

Einsatzbereich:
Wärmedämmung von Dachböden (oberste Geschoßdecke)

Materialdaten:
Isoself®, mineralische Dämmstoffkörnung, expandiertes staubgebundenes Perlitgestein

Korngröße:	0–6 mm
Schüttdichte:	ρ_s = ca. 90 kg/m³
Rechenwert der Wärmeleitfähigkeit:	λ_R = 0,055 W/(m·K)
Baustoffklasse:	A 1 nichtbrennbar nach DIN 4102
Lieferung:	in 100-l-Papiersäcken
Bedarf:	10 l je m² Fläche und je cm Dicke

Verfahren:
A. (Auf Massivdecke): Vollflächige Dämmschicht in der durch den gewünschten Wärmeschutz bestimmten Schichtdicke. Lukenrahmen und Begrenzung an den Fußpfetten ggf. erhöhen.
B. Bei geforderter Begehbarkeit: Kanthölzer in erforderlicher Höhe auslegen, Isoself® in die Zwischenräume schütten, über die Oberkanten der Hölzer abziehen, Spanplatten oder Nut-und-Feder-Bretter aufnageln: als Steg oder über die gesamte Fläche.

Der gar nicht kühle Steinfußboden
Oder: Wie ein Verbundestrich Wärmedämmung, Höhenausgleich und Belastbarkeit verband

Keramikplatten und Sandsteintafeln wurden über der Beton-Kellerdecke dieses Hauses auf wärmedämmendem Leichtestrich verlegt.

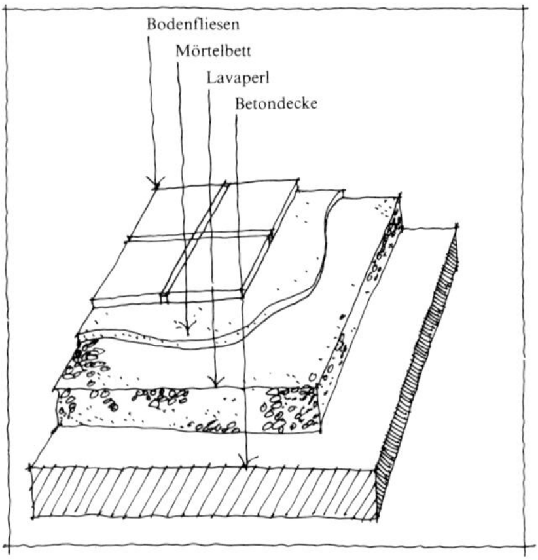

Der Leichtestrich (aus dem Dämm-Mörtel Lavaperl, Typ 1 : 11) wird direkt auf die gereinigte Rohdecke aufgebracht. Darüber der Fliesen- oder Plattenbelag im Mörtelbett von mindestens 35 mm.

Ute Balk, ausgebildete Keramikerin, brauchte unbedingt eine eigene Werkstatt. Roland Balk, Lehrer, dachte aber an ein eigenes Haus. In der Nachbargemeinde fanden sie beides in einem: ein Haus aus den 20er Jahren, mit Mansarddach, holzbrauner Giebelverkleidung, braunen Schlagläden vor weißem Putz. Für die ländliche Umgebung ein Kuriosum, ausgestattet mit wechselvoller Geschichte, zu der z. B. ein Kriegsschaden und zeitweilige »Schattenexistenz« als Waschhaus zählten.

Inzwischen war die Substanz längst saniert, die Eheleute Balk konnten ohne weiteres im Dachgeschoß einziehen (die Dämmung sparten sie sich auf) und mit der Einrichtung von Werkstatt, Atelier, Verkaufsraum und kleiner Küche im Erdgeschoß beginnen.

Dafür allerdings bot der alte, stellenweise vermorschte Dielenboden nun doch nicht die geeignete Ausgangsbasis. Er mußte herausgerissen werden – oh-

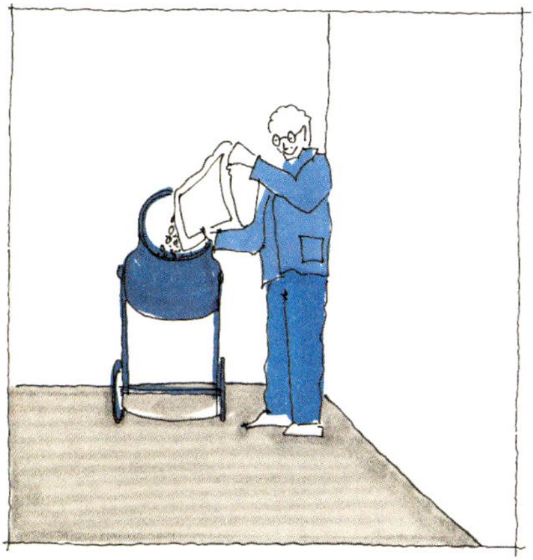

Beim Mischen werden pro 80-l-Sack Lavaperl 1 : 11 20 l Wasser zugegeben.

nehin wollte Ute Balk Keramikplatten verlegen, die sie mehr so zum Spaß gebrannt hatte, und im Verkaufsraum Sandsteinplatten aus einem Abbruch. Die Beton-Kellerdecke sollte den neuen Aufbau aufnehmen, die Arbeit trauten sich die beiden durchaus selber zu, doch waren sie sich im klaren, daß sie fachlichen Rat brauchten.

Ihn gab eine Architektin und Freundin von Ute Balk. Ihre Lösung hieß: ein wärmedämmender Leichtestrich. Also ein schwimmender Estrich, meinte Roland Balk. Nein, nein, ein altmodischer Verbundestrich, direkt auf der Betondecke, korrigierte die Architektin, aber mit einem wärmedämmenden Material, einem verarbeitungsfertigen Trockenmörtel. Diesen Dämm-Mörtel könne man sich als eine Art Leichtbeton vorstellen, nur eben noch viel leichter, durch die popcornartig expandierten Mineralkörnchen als Zuschlag. Der Typ Lavaperl 1 : 11, den sie brauchen würden, wiege nur 270–300 kg/m³ im fertigen Zustand, also weniger als Holz. Da könnten sie ruhig 10 cm auf die Betondecke packen, um so besser wäre die Wärmedämmung. Und die Belastbarkeit, wie man sie in einer Werkstatt brauche – ihre Freundin wolle ja auch noch den Kachelofen setzen – sei auch gegeben: 0,4–0,6 N/mm^2, was Roland Balk noch gerade in die altgewohnten 4 bis 6 kp/cm^2 übersetzen konnte, doch war er unsicher, ob er mit Mischungsverhältnissen, 1:11 oder wie immer, klarkäme. Die Auskunft, das Material werde »angemacht«, wie es aus dem Sack komme, beruhigte ihn, und den Bedarf – 13 Liter je Quadratmeter und je cm Dicke – brauchte man ihm auch nicht auszurechnen.

Ein paar zusätzliche Instruktionen hatten Ute und Roland Balk aber doch noch bekommen, als sie am nächsten Wochenende mit der Arbeit anfingen.

Sie reinigten die Betondecke gründlich mit dem Besen und besprengten sie aus der Gießkanne, damit der Beton der Estrichmasse nicht zu schnell das Wasser entziehen konnte. Das Mörtelmischen und der Transport waren Roland Balks Arbeit. Er schüttete jeweils einen 80-l-Sack Lavaperl 1:11 in den Mischer, gab rund 20 l Wasser zu, ließ den Mischer solange laufen, bis die empfohlene »Erdfeuchte« erreicht war, und brachte die Masse der Keramikerin zur weiteren Verarbeitung. Ute Balk legte zwei kurze, gerade 8 × 10-Kanthölzer hochkant als Lehren aus, brachte sie durch Unterstopfen von Dämm-Mörtel in die Waage, verteilte die Masse und »tatschte« sie mit dem Reibebrett leicht an. Mit einem Brett zog sie die Fläche über die Kanthölzer »sägend« ab, nahm die Lehren heraus, füllte die Lücken und rieb den gesamten Abschnitt mit dem Reibebrett

Über Kanthölzer als Lehren wird die erdfeuchte Mörtelmasse im Zickzack abgezogen und anschließend abgerieben.

ab: Anstelle der Höckerlandschaft des alten Betons entstand die neue Ebene.

Roland Balk ging bald dazu über, in dieser Phase schon den nächsten Abschnitt vorzubereiten, mit dem Legen der Lehren und dem Einfüllen der Dämm-Mörtelmasse. So funktionierte die Arbeitsteilung besser, so daß die gesamte Estricharbeit Sonntag vormittags getan war: Alle Räume im Erdgeschoß hatten ihren wärmedämmenden, ebenen Untergrund, und in den Durchgängen bildeten eingestellte Schaumstoffstreifen Fugen zur Aufnahme von Schwundspannungen.

Am nächsten Wochenende und an den Feierabenden der folgenden Woche wurden raumweise die keramischen Bodenplatten bzw. die Sandstein-Tafeln verlegt. Der Vorgang war dabei im Prinzip derselbe. Ölpapier wurde ausgelegt, es schützte den Sandzementmörtel vor zu raschem Wasserentzug. Ute Balk brachte eine 3,5 cm dicke Schicht normalen Mörtels auf und bettete darin

Auf eine 3,5 cm dicke Schicht normalen Mörtels werden die Platten verlegt.

die Platten ein, für die breiten Fugen benutzte sie dann besonders feinkörnigen Sand als Zuschlag.

Bei der Eröffnung ihrer Keramikstube verkaufte sie einige Arbeiten, wurde verschiedentlich nach den Sandsteinplatten befragt – ob sie sie wirklich selber verlegt habe und wie – und notierte einen Auftrag über einige Quadratmeter handgeformter Keramik-Bodenplatten.

Einsatzbereiche:
Leichtestrich als Wärmedämmschicht und Höhenausgleich unter Fliesen und Naturstein oder unter Gußasphaltestrich (bei hohen Belastungen).

Materialdaten:
Lavaperl®, Werk-Trockenmörtel aus mineralischem Leichtzuschlag (expandiertes Perlit = Superlite®) und hydraulischem Bindemittel. Lieferbar in zwei Mischungsverhältnissen (1:11 und 1:7), je nach geforderter Druckfestigkeit.

	Lavaperl 1:11	Lavaperl 1:7
Wärmeleitfähigkeit* $\lambda_{10\,tr.}$:	0,075 W/(m·K)	0,094 W/(m·K)
(mit 60% Aufschlag) λ_R:	0,12 W/(m·K)	0,15 W/(m·K)
Druckfestigkeit $\beta_{D\,28}$:	0,4–0,6 N/mm²	0,7–1,0 N/mm²
Rohdichte ρ:	270–300 kg/m³	350–400 kg/m³
Materialbedarf:	ca. 13 l Trockenmörtel je m² und je cm Dicke	
Lieferform:	in 80-l-Plastiksäcken	

Verfahren:
A unter Fliesen, Naturstein: Inhalt eines Sackes Lavaperl 1:11 in Zwangs- oder Freifallmischer einfüllen und unter Zugabe von ca. 20 l Wasser erdfeucht aufbereiten. Mörtel auf besenreine Rohdecke aufbringen, leicht verdichten, über Lehren abziehen, ggf. abreiben (für höhere Abriebfestigkeit mit Zement pudern). Ölpapier oder PE-Folie auslegen, falls Trockenzeit des Estrichs von 24 Stunden überschritten wird. Fliesen, Steinzeugbeläge oder Naturstein in mindestens 35 mm dickem Mörtelbett verlegen.
B unter Gußasphaltestrich, für hohe Belastbarkeit: Verwendung von Lavaperl 1:7, Verarbeitung wie unter A, jedoch nach Austrocknungszeit des Leichtestrichs 2 Lagen Rohglasvlies o. ä. aufbringen, Gußasphaltestrich gießen.

* (Ohne Abdeckung ist die Austrocknung von Lavaperl möglich. Damit kann in der Praxis der Wert der Wärmeleitfähigkeit bis auf $\lambda_{10\,tr.}$ absinken.)

Der schwimmende Estrich
Oder: Wie Trittschallschutz und Wärmeschutz für Wohnung und Büro die gemeinsame Basis schufen

Der Wohnhaus-/Praxis-Neubau im postmodernen Stil erhielt Trittschall- und Wärmeschutz nach modernen Erkenntnissen.

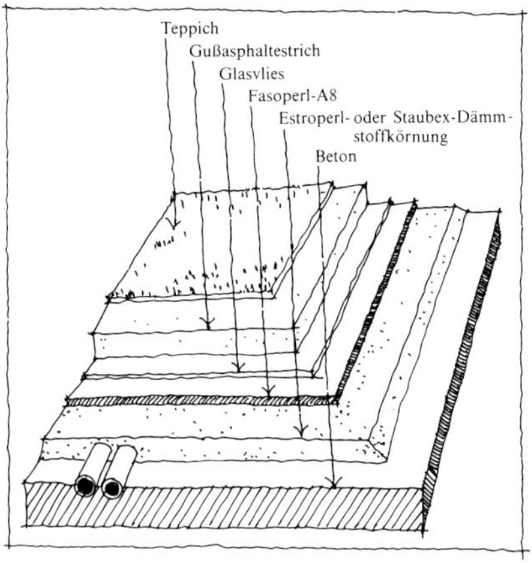

In den Praxisräumen des Erdgeschosses sind Wasser- und Heizungsleitungen in die nicht wassersaugende Dämmstoffkörnung Estroperl eingebettet. Zur Abdekkung und zur Lastverteilung beim Verdichten (ab 4 cm Dämmdicke) dienen Fasoperl-A8-Platten. Darüber Glasvlies und Gußasphaltestrich.

Günther Wolfram, Rechtsanwalt in einer kleinen Stadt, hatte endlich gefunden, was er suchte: ein Grundstück in einer Seitenstraße nah bei der Fußgängerzone. Die Genehmigung, hier ein Haus mit Praxis im Erdgeschoß und Mietwohnung im Obergeschoß zu bauen, knüpfte die Baubehörde an eine Bedingung: Im Stil mußte sich der Neubau in die Umgebung aus der Zeit um 1880 einfügen. Der Architekt zeichnete einen gemäßigt postmodernen Entwurf, dem Bauherr und Bauamt zustimmten.

Aus Finanzierungsgründen wollte RA Wolfram so schnell wie möglich die neue Praxis übernehmen und das Obergeschoß vermieten. Durch den etwas komplizierten Rohbau mußte er allerdings mit längerer Bauzeit rechnen, der Ausbau würde jedenfalls im Winter stattfinden.

Jedoch gab es Möglichkeiten, Zeit wieder gutzumachen. Der Architekt plante z. B. Gußasphaltestrich für das Erd- wie das Obergeschoß. Die Einbringung ist un-

Randstreifen verhindern Schall- und Schubübertragung von der Estrichplatte auf die Wände.

abhängig von der Außentemperatur, und unmittelbar nach dem Erkalten kann der Estrich abgespachtelt und mit dem Bodenbelag versehen werden, Zeit zum Austrocknen wird nicht benötigt.

Um aber von der nicht gerade billigen Asphaltmasse keinen »Tropfen« für den Ausgleich von Unebenheiten im Untergrund zu verschwenden, sollte die Dämmschicht mit ebener Oberfläche hergerichtet werden. So bot sich eine Schüttung aus mineralischer Dämmstoffkörnung an: Sie gleicht ohne zusätzliche Spachtelarbeit Unebenheiten im Rohbeton aus, läßt sich sehr leicht eben abziehen und je nach Anforderung mit speziell entwickelten Abdeckplatten überdecken.

Wärmeschutz und Trittschallschutz (hier für die Trenndecke zwischen Wohnung und Praxis) sind mit entsprechendem Aufbau sicher zu erreichen. Im Wohn- und Geschäftsgebäude Wolfram waren außerdem in der Praxis Installationsleitungen über der Rohdecke zu

Die Dämmstoffkörnung Estroperl oder Staubex wird zwischen die Abziehlehren geschüttet.

führen. Hier hätte die Dämmstoffkörnung den zeit- und arbeitssparenden Effekt, die Rohre und Kabel wie aus einem Guß zu umhüllen und zu überdecken. Dem Bauherrn leuchteten diese Überlegungen ein, und als im November die Installation verlegt und der Wandputz aufgebracht waren, konnten die Dämm- und Estricharbeiten unmittelbar beginnen.

Im Obergeschoß wurden nach dem Reinigen der Rohdecke ringsum an den Wänden Randstreifen angebracht, um jede Schallübertragung von der Estrichplatte auf die Wände und damit auf den Baukörper auszuschließen.

Für die Dämmstoffkörnung Staubex legten die Estrichleger nun Lehren auf der Rohdecke aus und leerten das Material aus den 200-l-Säcken in die Zwischenfelder. Dann verteilten sie die staubgebundenen Mineralkörnchen und zogen sie über die Lehren ab: leichte, saubere Arbeit. Mit Hilfe der Lehren war die Höhe der

Mit dem Abziehen ergibt sich eine ebene Oberfläche als Voraussetzung für gleichmäßige, sparsame Dicke der Estrichplatte.

Dämmstoffkörnung auf 4 cm eingestellt, somit nutzte der Architekt die Grenze voll aus, bis zu der die Dämmstoffkörnung nicht zusätzlich verdichtet zu werden braucht. Seine und des Bauherrn Absicht: Die Wohnung im Obergeschoß sollte guten Wärmeschutz auch gegenüber der nachts niedrig beheizten Praxis bekommen. Umgekehrt brauchte die Praxis Trittschallschutz gegen Geräusche von oben. Daher wurden für die Abdeckung der Dämmschicht im Obergeschoß speziell trittschalldämmende Abdeckplatten (Fasoperl-TS) verlegt. Auf ihnen konnte man bereits laufen, eine »Runde« in den Randbereichen war sogar empfohlen, um hier die Dämmstoffkörnung leicht zu verdichten. Zum Schutz der Trittschallschutzschicht gegen die Hitze des gegossenen Asphalts folgte nun eine 20-mm-Lage aus Fasoperl-GA-Platten, fugenversetzt zur vorigen Lage, schließlich ein Glasvlies und dann der 30-mm-Gußasphaltestrich. Um aber die Dämmschicht un-

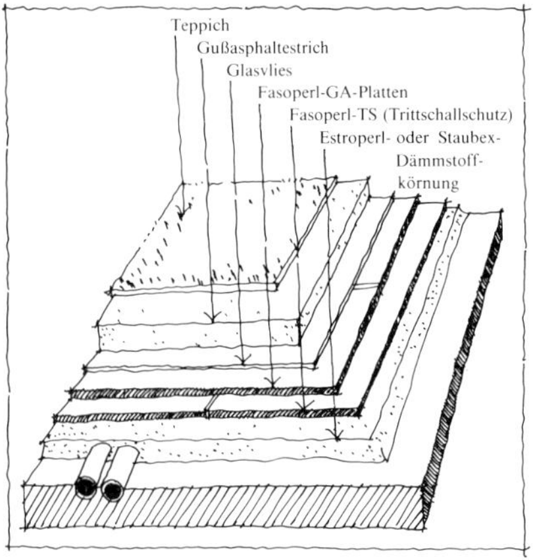

Im Bodenaufbau des Obergeschosses liegen über der Dämmschicht die Trittschallschutz-Platten Fasoperl-TS, dann der Hitzeschutz Fasoperl-GA, das Glasvlies und der Gußasphalt.

ter der Belastung durch den Transport der Estrichmasse nicht unnötig zu verdichten, legten die Handwerker Laufbohlen aus.
Im Erdgeschoß waren die Vorarbeiten dieselben wie oben. Die Einbaudicke der Dämmschicht sollte hier jedoch 8 cm betragen, um die Installationen sicher um mindestens 10 mm zu überdecken. Außerdem kam hier ein etwas anderer Körnungstyp zum Einsatz (Estroperl). Dieses Material besteht aus derselben mineralischen Grundsubstanz, ist jedoch durch zusätzliche Vergütung nicht wassersaugend.

Dadurch wird einerseits die Rohrleitung gegen Feuchtigkeit aus benachbarten Bauteilen – die zu Korrosion führen kann – gesichert, andererseits können etwaige Undichtigkeiten der Rohre keinen größeren Schaden anrichten: Die Durchfeuchtung breitet sich nicht aus, die Schadstelle ist rasch zu orten. Zur Unterscheidung von der Staubex-Körnung ist Estroperl rot

Der Estrich wird gegossen. Sofort nach Erkalten des Gußasphalts können die Abspachtelung und der Bodenbelag folgen.

eingefärbt. Nach dem Abziehen der Dämmstoffkörnung und dem Entfernen der Lehren wurden Abdeckplatten verlegt, die für das anschließende Verdichten die nötige Festigkeit mitbrachten (Fasoperl-A 8). Die Arbeit erfolgte mit einem Rüttler, Schaltafeln wurden zwischengeschaltet. Das Verdichtungsmaß von 20% war bei der Schüttung zugegeben worden. Auf die Plattenlage konnten nun unmittelbar das Glasvlies und dann – trotz seiner hohen Temperatur von ca. 220° C – der Gußasphalt aufgebracht werden. Noch am selben Tag gab Günther Wolfram der Lokalzeitung seine Umzugsannonce durch, und fünf Tage später hatte er in seiner neuen Praxis seinen ersten Besucher: kein Klient, sondern sein Mieter, dem er die Wohnungsschlüssel übergab.

Einsatzbereich:
Dämmschicht unter schwimmenden Estrichen als Wärme- und Schallschutz und zum Höhenausgleich.

Materialdaten:

1. Staubex®, mineralische Dämmstoffkörnung; expandiertes, staubgebundenes Perlit
   Estroperl®, mineralische Dämmstoffkörnung; expandiertes, staubgebundenes, nicht wassersaugendes Perlit, rot eingefärbt.

Schüttdichte:	ρ = ca. 90 kg/m³
Korngröße:	0–6 mm
Rechenwert der Wärmeleitfähigkeit:	$\lambda_R = 0{,}055$ W/(m · K)
Belastbarkeit:	0,01 MN/m² (1000 kp/m²)
Materialbedarf:	12 l je m² Fläche und je cm Dicke inklusive Verdichtung von 20%
Lieferform:	in 200-l-Plastiksäcken

2. Fasoperl-GA-Platten, Dämmplatten aus expandiertem Perlit zur Abdeckung von Dämmschichten aus Estroperl® oder Staubex® unter Gußasphaltestrichen.

Format:	1200 × 600 mm
Dicke:	15, 20, 25, 30, 35, 40, 50–200 mm
Rechenwert der Wärmeleitfähigkeit:	$\lambda_R = 0{,}06$ W/(m · K)

3. Fasoperl-TS-Platten, Trittschalldämmplatten nach DIN 18165 zur Abdeckung von Dämmschichten aus Estroperl® oder Staubex® bis 40 mm Einbaudicke oder zur Verbesserung der Trittschalldämmung auf Fasoperl-A8-Platten. Unter Gußasphaltestrichen nur in Verbindung mit Fasoperl-GA-Platten.

Format:	1000 × 625 mm
Dicke:	d_L/d_B = 12/11 mm
Wärmeleitfähigkeitsgruppe:	040

4. Fasoperl-A8-Platten, Holzfaserdämmplatten nach DIN 68 750 zur Abdeckung von Dämmschüttungen aus Estroperl® oder Staubex® bei Schüttdicken von mehr als 40 mm (verdichtet) unter Gußasphalt- und Mörtelestrichen.

Format:	1250 × 1000 mm
Dicke:	8 mm
Rohdichte:	ρ = ca. 260 kg/m³
Rechenwert der Wärmeleitfähigkeit:	λ_R = 0,056 W/(m · K)

5. Perlite-Wellpappe, zum Abdecken von Dämmstoffkörnungen von weniger als 40 mm Dicke aus Estroperl® oder Staubex® unter Mörtelestrichen (Perlite-Wellpappe B, bituminiert) oder Gußasphaltestrichen (Perlite-Wellpappe N).

Verfahren:
Zur Einbettung von Rohrleitungen Dämmschicht aus Estroperl® herstellen, Überdeckung im Einbauzustand mindestens 10 mm. In allen anderen Fällen Dämmschicht aus Staubex® herstellen.
A 1: unter Gußasphaltestrich, Trittschallschutz-Verbesserungsmaß ca. 21 dB. Rohdecke reinigen, Randstreifen anbringen, Lehren auslegen, Überhöhung von 20% berücksichtigen. Körnung schütten, über die Lehren abziehen. Lehren entfernen. Mit Fasoperl-A8-Platten abdecken. Bei mehr als 40 mm Einbaudicke Dämmschicht mechanisch verdichten, dabei Schaltafel zwischenschalten. Unter 40 mm Einbaudicke Randbereich durch Betrampeln verdichten. Glasvlies oder Wollfilzpappe auslegen, Estrich gießen, Transport über ausgelegte Bohlen.
A 2: unter Gußasphaltestrich, erhöhtes Trittschallschutz-Verbesserungsmaß, ca. 33 dB. Körnung schütten bis zu einer Höhe von 40 mm. Mit Fasoperl-TS-Platten abdecken, Randbreite betrampeln, Fasoperl-GA-Platten (mindestens 20 mm) verlegen, Glasvlies oder Wollfilzpappe auslegen, Estrich gießen, Transport über Bohlen. Bei größeren Konstruktionshöhen Fasoperl-GA dicker wählen.

A 3: unter Gußasphaltestrich, keine besondere Trittschallschutzanforderung, Dämmschicht unter 40 mm: wie A 1, jedoch statt Fasoperl-A8 Perlite-Wellpappe N verlegen, Estrich gießen, Transport über Bohlen.
B: unter Mörtelestrichen. Bei Einbaudicken bis 40 mm Dämmschicht mit Perlite-Wellpappe B abdecken (oder mit Fasoperl-TS-Platten plus PE-Folie), Estrich gießen, Transport über Bohlen. Bei Einbaudicken über 40 mm Dämmschicht mit Fasoperl-A8-Platten abdecken, mechanisch verdichten (20%), dabei Schaltafel zwischenschalten, PE-Folie auslegen, Estrich gießen, Transport über Bohlen.

Die festgefügte Wärme-Mauer
Oder: Wie ein Doppelhaus durch Stein und Mörtel doppelt gedämmt wurde

Seinen Standort könnte dieses süddeutsche Haus auch anderswo haben: Seine Außenwände wurden aus porosierten Hochlochziegeln mit einem Dämm-Mörtel gemauert.

Für Marianne und Anton Hutter war es ein besonderes Jahr. Das Baby kam, Toni Hutter bestand seine Prüfung als Maurermeister, und zu guter Letzt boten ihre Freunde Mathias und Irene Amberger ihnen an, gemeinsam mit ihnen zu bauen. Von ihrem großen Grundstück würden sie ihnen die Hälfte zu einem Freundschaftspreis überlassen. Hutters überlegten nicht lange, und rasch war man sich einig: Auf dem Gelände sollte ein Doppelhaus entstehen, um Fläche und Kosten zu sparen. Aus Kostengründen sollte auch soviel wie möglich selber gemacht werden. Für die Erd-, Beton-, Estrich- und Putzarbeiten konnte das Baugeschäft von Toni Hutters Eltern herangezogen werden. Das Mauern aber wollte der junge Meister mit seinem künftigen Doppelhaus-Nachbarn übernehmen. Die Haushälften sollten nicht versetzt sein, Garagen, Gerätehäuser und Giebelbalkone würden sie gliedern. Unterm relativ flachen, weit überstehenden Dach sollte – wie im Süden vielfach üblich – ein Kniestock Kopffreiheit geben. Für die Fassade kam natürlich nur Außenputz auf Mauerwerk in Frage.

An dieser Stelle aber wurde Mathias und Irene Amberger doch ein wenig bang. Sie hatten in ihrem Leben noch nicht gemauert, und mit den neuartigen Steinen, wie man sie jetzt auf den Baustellen sah, kannten sie sich sowenig aus wie mit dem Mörtelmischen. Das war das Stichwort für den Fachmann: »Keine Sorge, für die 36,5er Außenwände, da nehmen wir porosierte Hochlochziegel. So gewaltig sie aussehen, so leicht sind sie. Und die Wärmedämmung gibt's dazu, die ist im Stein drinnen, durch die Lochung und durch die Poren. Und einen Dämm-Mauermörtel nehmen wir eh'.« Der

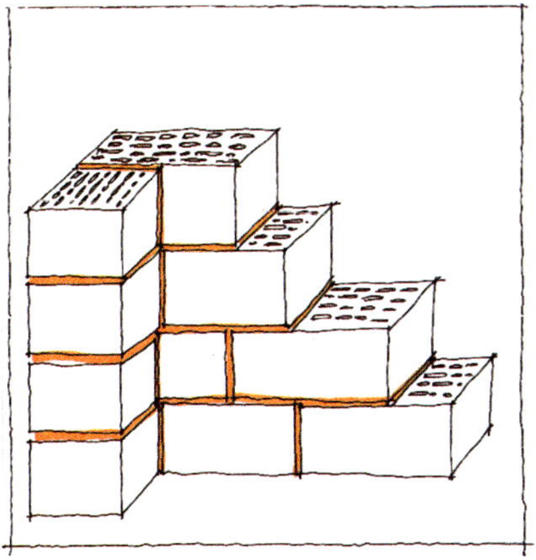

Das eigentliche Dämm-Material der massiven Mauer ist Luft, eingeschlossen in die Lochungen und die Poren des Ziegels und in die expandierten Mineralkörnchen des Mörtels.

komme fertig auf die Baustelle, müsse nur noch mit Wasser angemacht werden, sei leicht zu verarbeiten, heiße Alphaperl, koste allerdings ein wenig mehr als normaler Mörtel. Aber dafür mache er die Fugen in der Außenwand genauso wärmedicht wie der Leichtstein selber sei. »Sonst nützt einem der ganze Leichtstein nichts, wenn die Wärme dann zu den Fugen hinausgeht. Und mit diesem Dämm-Mauermörtel, da hat die 36,5er Wand mit einer Steinrohdichte von 0,8 einen noch besseren k-Wert als sonst eine 49er Wand mit Normalmörtel. Alphaperl-Dämm-Mauermörtel ist bekanntlich sehr leicht und verbessert die Wärmedämmung einer Ziegelwand bis zu 15% und mehr«, wußte der frischgebackene Maurer. »Schon gut«, unterbrach ihn sein Freund, das Theoretische glaube er ihm, er sei gespannt auf die Praxis.

In der Praxis wurde dann doch zuerst mit Normalmörtel gemauert: Die Kalksandstein-Außenwände des

Der Dämm-Mörtel Alphaperl wird im Freifallmischer mit 15 l Wasser pro 50-l-Sack aufbereitet.

Kellers über der Fundamentplatte brauchten keinen Dämm-Mauermörtel, die Innenwände erst recht nicht. Für Mathias und Irene Amberger war es eine gute Einübung in die Kunst des Mauerns und in die Wissenschaft der Mischungsverhältnisse von Bindemitteln und Zuschlägen, hier von Zement, bei den Innenwänden auch von Kalk, und von Sand.

Als aber die Kellerdecke gegossen war, vereinfachten sich die handwerklichen Anforderungen an die Heimwerker und ihren fachlichen Beistand wesentlich. Der Dämm-Mauermörtel kam in 50-l-Säcken von jeweils nur ca. 23 kg als Werk-Trockenmörtel, güteüberwacht, und war ohne weitere Zugaben im Freifallmischer lediglich mit 15 l Wasser aufzubereiten. »Auf dem Bau« würde man möglichst den 1,5-m^3-Minitainer (kleine Stahlsilos) mit einem angeflanschten Horizontalmischer einsetzen, erzählte Toni Hutter. Hier jedoch, bei der kleinen Baustelle und der unregelmäßigen Feier-

Das Mauern der Eckverbände und der Einbindungen erfordert fachliches Können.

abend- und Wochenend-Arbeit, sei die Sackware von besonderem Vorteil. Das Anmachen des Trockenmörtels übernahm Mathias Amberger gern. Um so lieber, als er jetzt nicht mehr schaufelweise Sand zählen und in die Trommel befördern mußte, vom Zentner-Gewicht der Zementsäcke bzw. vom halbzentnerweisen Kalk zu schweigen.

Der leichtgewichtige Dämm-Mauermörtel enthielt bereits beides: Im Grau der hydraulischen Bindemittel waren plustrige Körnchen als Zuschlag erkennbar – ein expandiertes Vulkangestein »wie ein mineralisches Popcorn«, erklärte der Maurermeister Hutter. Den Mörtel bereitete Mathias Amberger nach seiner Einweisung immer sackweise auf. Mit den 15 l Wasser waren so gleichbleibende plastische Konsistenz des Mörtelbreis und gleichbleibende Rohdichte und Festigkeit des Festmörtels gewährleistet. Die Mischzeit betrug ca. 3 Minuten, dann schaffte Mathias Amberger den Mör-

In der Fläche ist der Schwierigkeitsgrad geringer. Der besonders leichte Dämm-Mörtel geht gut von der Kelle.

tel zum jeweiligen Ort der Nachfrage. Komplizierte Dinge wie Eckverbände, Innenwandeinbindungen, Einbau der Fertigstürze war Sache des Maurermeisters, der Mörtelmischer aber arbeitete zusammen mit seiner Frau im Bereich der einfachen Flächen, bis es wieder Zeit für die nächste Mörtelfuhre war. Toni Hutter hatte ihnen gezeigt, wie man die Lagerfuge für mehrere der großformatigen Steine gleichzeitig auftragen konnte. Leicht lag der Mörtel auf der Kelle, leicht und geschmeidig ließ er sich verarbeiten. Er hatte ihnen auch gezeigt, wie man die Steine aufsetzte, beim Anklopfen gegebenenfalls noch ein wenig rückte, und wie man auch die seitlichen Mörteltaschen der frisch gesetzten Steine in einem Durchgang verfüllte. Und weil er ihnen half, sobald er mit der eigenen Arbeit weit genug voraus war, standen bald die Außenwände und dann die normalgemörtelten KS-Innenwände des Erdgeschosses. Die Decke wurde aufgebracht, an-

Für den Außenputz bildet die dämmvermörtelte homogene Mauer einen idealen Untergrund. Spannungsrisse oder Fugenabzeichnungen sind nicht zu befürchten.

schließend waren nur noch die Mauern des Kniestocks und der Giebeldreiecke hochzuziehen. Bei der Brandwand zwischen den Haushälften waren zwei Schalen, in der Ausführung sauber getrennt, aus 17,5er Ziegeln mit einer Rohdichte über 1200 kg/m^3 nötig, mit normalem Sand-Zement-Mörtel gemauert. Keine Mörtelbrücken oder Steinbruchstücke sollten Schall übertragen können.

Nach dem Richten und Decken des Dachs übernahm die Firma Hutter den Außenputz. Den Innenputz aber wollten die beiden Bauherren-Familien nun doch in Eigenleistung ausführen. Sogar Marianne Hutter war dabei, wenn das Baby ihr Zeit ließ. Während die Mannschaft den unregelmäßigen »Handkellen«-Putz auftrug, der lediglich geweißt werden sollte, erläuterte Toni Hutter einen »versteckten« Vorzug des Dämm-Mauermörtels. Versteckt deswegen, weil man eben nichts von ihm sehen werde: durch homogenen Wandaufbau keine Spannungsrisse, durch gleiche Wärmedämmung von Stein und Mörtel keine dunkel abgezeichneten Mörtelfugenlinien. »Könnt Ihr Euch vorstellen, wie das aussehen würde auf der weißen Putzfläche?« Mathias und Irene Amberger stellten es sich lieber nicht vor. Zur Einweihung aber schenkten sie ihrem Doppelhaus-Nachbarn eine Fotodokumentation. Titel: »Unser Hausbau«.

Einsatzbereich:
Wärmedämmende Vermörtelung von Leichtziegeln, Gasbetonsteinen, Leichtbetonhohlsteinen und -vollsteinen in einschaligen Außenwänden.

Materialdaten:
Alphaperl®, wärmedämmender Leichtmauermörtel, bestehend aus mineralischem Leichtzuschlag (expandiertes Perlitgestein) und hochwertigen hydraulischen Bindemitteln.

Rohdichte (eingebaut):	ρ = ca. 650 kg/m³
Druckfestigkeit:	$\beta_{BD} \geq 5{,}0$ N/mm²
Biegezugfestigkeit:	$\beta_{BZ} \geq 1{,}75$ N/mm²
Verbesserungsmaß:	$\Delta\lambda_R = 0{,}06$ W/(m·K) bei Mauerwerk aus Gasbetonblocksteinen G2 und G4 nach DIN 4165, Hohlblocksteinen aus Leichtbeton Hbl 2 und Hbl 4 nach DIN 18 151 und Vollblöcken V 2, Vbl 2, V 4 und Vbl 4 nach DIN 18 152 $\Delta\lambda_R = 0{,}09$ W/(m·K) bei Mauerwerk aus Leichthochziegeln HLz 4, HLz 6 und HLz 12 nach DIN 105, Teil 2, einschließlich Typ W
Baustoffklasse:	A1 nichtbrennbar nach DIN 4102
Lieferung:	in 1,5-m³-Bags für Minitainer oder in 50-l-Säcken, palettiert

k-Wert-Beispiel: für Mauerwerk aus Leichtziegeln, beidseitig verputzt, Wanddicke 36,5 cm:

Mauerwerk			Wärmedurchgangskoeffizient k in $W/(m^2 \cdot K)$
cm Wanddicke beidseitig verputzt	$\Delta\lambda_R$ $W/(m \cdot K)$	Mörtelart	Steinrohdichte 0,8 kg/dm^3
36,5	–	Normalmauermörtel $\rho = 1800\ kg/m^3$	0,76
	0,06	Leichtmauermörtel $\rho < 1000\ kg/m^3$	0,64 = 16% besser
	0,09	Alphaperl-Dämm-Mauermörtel $\rho = 650\ kg/m^3$	0,58 = 24% besser

Verfahren:

Sackinhalt in Mischer einfüllen und mit etwa 15 l Wasser in ca. 3 Minuten zu gut plastischer Konsistenz aufbereiten. Sofort verarbeiten. Auftrag des Lagerfugenmörtels und Verfüllen seitlicher Mörteltaschen für mehrere Steine in einem Arbeitsgang. Trocken lagern, Lagerzeit von ca. 3 Monaten nicht überschreiten.

Vom Minitainer aus Horizontalmischer beschicken (Alternative für besonders rationelle Abwicklung auf der Baustelle).

Die kerngedämmte Außenwand

Oder: Wie zweischaliges Mauerwerk mit Wärmeschutz im Süden heimisch wurde

Ein Architektenhaus mit zweischaligem, kerngedämmtem Mauerwerk in Kalksandstein. Seine bauphysikalischen und dämmtechnischen Vorzüge gelten überregional.

Häuser mit sichtbarem Mauerwerk sind heute in Süddeutschland kein ungewohnter Anblick mehr. Die Solidität der Bauweise und die Vorzüge der Kerndämmung zwischen Verblendschale und Hintermauerschale gelten schließlich auch südlich des Mains. Eine Annäherung der regionalen Baustile kommt hinzu.

Armin und Sonja König, Architekt bzw. Landschafts- und Gartenarchitektin, konnten sich für ihr geplantes Haus in einer Tallandschaft im Südwesten der Bundesrepublik allerdings kein Backsteinmauerwerk nord- oder westdeutscher Prägung vorstellen.

Weißer Kalksandstein und rote Ziegelbedachung wären dem Kontrastcharakter aus sommerlicher Leichtigkeit und winterlicher Starre eher angemessen. Die klare Struktur des Kalksandsteingefüges entsprach auch der architektonischen Idee: Der Aufbau des Mauerwerks wäre innen und außen ablesbar, ebenso der Aufbau des Baukörpers aus Wohn-, Schlaf- und Bürotrakt und auf der nächsten Ebene die Einteilung des Grundstücks in Haupthaus, Hof, Gartenhaus und Garten. Wie durch die vorgesehenen Pultdächer die Gliederung des Komplexes frei wäre, sollten auch die Funktionen nicht festgeschrieben sein. Wenn die Kinder – Stefan, Till und Marie – größer wären, könnte z.B. der Büroteil dem Wohnteil zugeschlagen werden.

Für den winterlichen (und sommerlichen) Wärmeschutz im Süden wählte Armin König die Dicke der Kerndämmung zwischen Außen- und Innenschale so hoch wie nach den Baubestimmungen überhaupt möglich: 12 cm.

Durch reichlich bemessene Dämmung wollte er das relativ hohe Verhältnis von Außenfläche zu umbautem

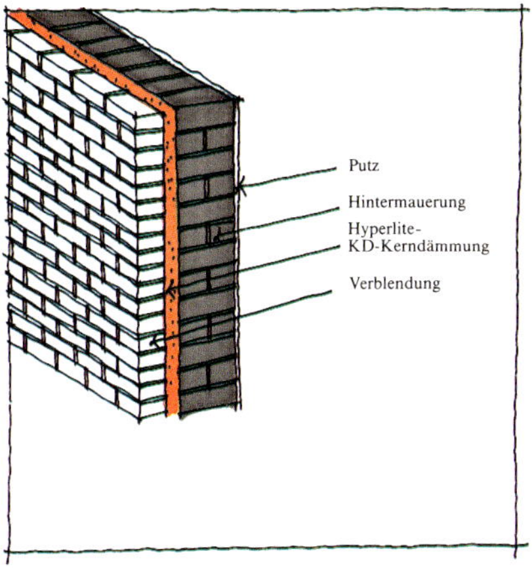

Die Kerndämmung aus mineralischer Körnung (Hyperlite KD) wirkt dauerhaft wasserabweisend. Kondensationsfeuchtigkeit oder eindringende Niederschlagswasser werden an der Innenseite der Außenschale abgeführt.

Raum in der Energiebilanz kompensieren. Außerdem gewann er durch den Wärmeschutz der Wand Spielraum für den Fensterflächenanteil. Von der Nord- über die Ost- und Westseite sollte er zur Südseite hin ansteigen.

Die gegebenen 12 cm aber nutzte der Architekt voll für die Wärmedämmschicht: Eine Unterteilung in Dämmstoffschicht und Luftschicht hielt er für Verschwendung der Möglichkeiten. In der Wahl des Dämmstoffs entschied er sich für die Dämmstoffkörnung Hyperlite KD, ein Material, das er in seiner beruflichen Tätigkeit bereits verschiedentlich eingesetzt hatte.

Die Gründe waren auf sein eigenes Haus ohne weiteres übertragbar: Das Produkt hatte 1976 vom Institut für Bautechnik, Berlin, nach 10 Jahren Praxiserprobung die erste bauaufsichtliche Zulassung für Kerndämmung überhaupt erhalten. Untersuchungen des Materialprü-

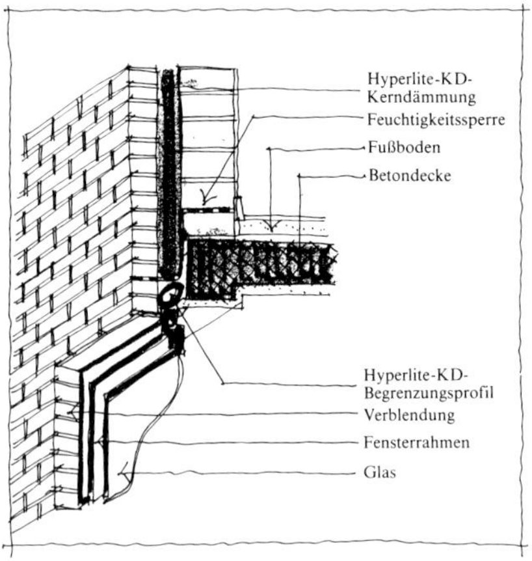

Seitliche oder obere Öffnungen des Kernraums – hier im Bereich eines Fenstersturzes – erhalten Begrenzungsprofile als Abschluß.

fungsamts Nordrhein-Westfalen hatten ergeben, daß die wasserabweisende Wirkung der eingebauten Dämmschicht dauerhaft erhalten bleibt: Selbst bei Schlagregen und nasser Außenschale bleibt die Hyperlite-KD-Schicht trocken.

In seiner Planung konnte er sich langwierige Tauwasserberechnungen sparen. Die Taupunktebene liegt an der Innenseite der Außenschale, etwaige Kondensationsfeuchtigkeit (Tauwasser) kann dort herablaufen und wird durch Entwässerungsfugen abgeführt. Hinzu kamen Überlegungen zur Baustoffklasse (A1 nichtbrennbar nach DIN 4102), zur Volumenbeständigkeit (die leicht verdichtete, verzahnte Dämmstoffkörnung schrumpft nicht und sackt nicht nach) und zur leichten Verarbeitung (einfach durch Schütten).

Ein weiterer, nicht ganz privater Grund des Architekten: Die Hintermauerschale sollte absichtlich nicht super-exakt gemauert sein, innen würde sie dann weiß ge-

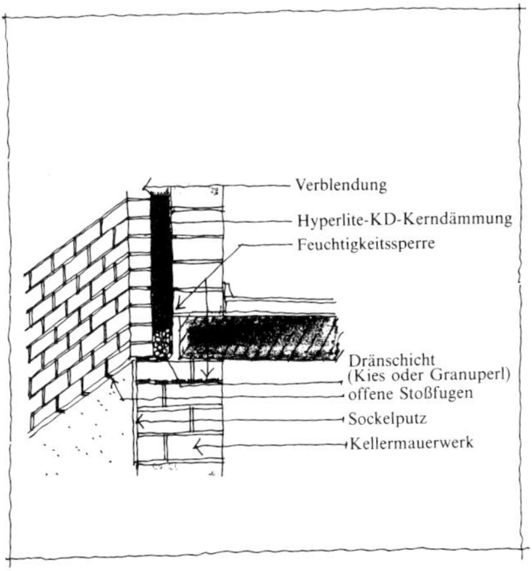

Am Fußpunkt leitet die Feuchtigkeitssperre etwaiges Kondensationswasser durch offene Stoßfugen nach außen. Sie wird 30 cm hochgeführt.

schlämmt. Die durch die Mauer bedingten Dickentoleranzen des Kernraums würde die Körnung fugenlos ausfüllen.

Bei seiner handwerklichen Vorbildung hätte Armin König selber mitarbeiten können, doch übertrug er die gesamten Maurerarbeiten einschließlich der Kerndämmung einem ortsansässigen Handwerksbetrieb.

Nach der Erstellung des Kellergeschosses führten die Maurer zuerst die Hintermauerschale – 17,5er Stein – mit den Innenwandeinbindungen aus und arbeiteten auch die Maueranker aus nichtrostendem Stahl mit ein, so weit vorstehend, daß sie später die Vor- und Hintermauerschale miteinander verbinden konnten, 5 Stück/m^2 und 3 Stück je Meter Randlänge.

An den Stellen, wo der Kernraum seitlich oder oben offen sein würde, z.B. im Bereich der Fenster- und Türöffnungen, hefteten sie schlauchartige, komprimierbare, vor allem aber wärmedämmende und feuchtigkeitssperrende Begrenzungsprofile an als Schutz gegen seitliches Ausrieseln der Körnung und zur Komplettierung des Wärmeschutzes.

Auf der tragenden Hintermauerschale war im Haus König keine Betondecke vorgesehen, der Raum bis zur Pultdachschräge sollte offen bleiben. Das obere umlaufende Begrenzungsprofil würde ans Holz der Dachkonstruktion geheftet: So hoch mußten der Wetter- und Wärmeschutz der Vormauerschale und der Kerndämmung reichen. Beides, Vorsatzschale und Dämmschicht, konnte taktweise in einem Arbeitsablauf erstellt werden. Zuvor war noch eine fachgerechte Fußpunktdränage anzulegen. Armin König achtete besonders darauf, daß die Feuchtigkeitssperre auf dem Vorsprung der Kelleraußenwand horizontal ausgelegt und an der aufgehenden Hintermauerschale 30 cm hochgeführt und vollflächig verklebt wurde, also auch über das kurze Stück Dämmstoff hinweg, das die Außenkante der Beton-Kellerdecke schützte. Auf den waagerechten Teil der Feuchtigkeitssperre wurde nun die erste Schicht der Vormauerschale – 11,5er Stein – in Mörtel gebettet. In Abständen von 1 m blieben hier die Stoßfugen zur Entwässerung offen. Außerdem wurden die Dehnungsfugen angelegt, die nach DIN 1053 (Mauerwerk, Berechnung und Ausführung) die gesamte Vormauerschale partienweise vertikal unterteilen mußten, um Spannungen zu vermeiden.

Die Maurer setzten die zweite Schicht, entfernten Mörtelreste aus dem Zwischenraum zwischen Vor- und Hintermauer, damit sich keine Wärme- und Feuchtigkeitsbrücken bildeten. Dann begann der Taktprozeß: Die Handwerker mauerten jeweils drei bis vier Schich-

Die Körnung Hyperlite KD wird zwischen Vorsatzschale und Hintermauerung geschüttet.

ten der Vormauer hohlfugig auf, hielten den Kernraum von Mörtelresten frei, dämmten dann den Kern und banden die Drahtanker in die Fugen der Vormauer ein. Dazu schütteten sie die blau eingefärbte Mineralkörnung direkt aus den leichtgewichtigen 100-l-Säcken in den Hohlraum und verdichteten die Dämmschicht leicht mit einer Latte. So lief es logisch weiter: mauern, schütten, verdichten, mauern. Die vertikalen Dehnungsfugen an den Gebäudeecken und in den erforderlichen Abständen in der Fläche wurden eingehalten. Hier und bei den Fenster- und Türöffnungen bildeten die Begrenzungsprofile eine »Lehre« für die sich formende, wie in eine Gußform eingefüllte Dämmschicht.

Die Koordinierung der weiteren Rohbau- und Ausbauarbeiten übernahm im wesentlichen Sonja König, vor allem aber die Planung der Außenanlagen. Im nächsten Sommer hatten Stefan, Till und Marie den

Mit der Latte wird die Kerndämmung leicht verdichtet.

Hof als Spielplatz, den Garten nahmen sie sich dazu, und im Winter okkupierten sie das ganze warme Haus.

Ihr Vater aber verglich den Heizölbedarf mit seinen Berechnungen und verbuchte sogar einen kleinen Minderverbrauch. Wärmeschutz und »Sonnenfalle« auf der Südseite funktionierten noch besser als angenommen.

Einsatzbereich:
Kerndämmung zweischaligen Mauerwerks

Materialdaten:
Hyperlite®KD, mineralische Dämmstoffkörnung, blau eingefärbt. Expandiertes Perlit, wasserabweisend behandelt.

Schüttdichte:	ρ_s = ca. 100 kg/m³
Korngröße:	0–6 mm
Rechenwert der Wärmeleitfähigkeit:	λ_R = 0,055 W/(m · K)
Wasserdampfdiffusionswiderstandszahl:	μ = 3–4
Baustoffklasse:	A 1 nichtbrennbar nach DIN 4102
Materialmehrbedarf durch Verdichten:	10%

Verfahren:
Hintermauerschale ausführen, dabei Drahtanker einlegen. Hyperlite-Begrenzungsprofile an Gebäudeecken und um Mauerwerksöffnungen anheften. Sperrschicht am Fußpunkt auflegen, an der Hintermauerschale 30 cm hochführen, vollflächig verkleben.
Erste Lage der Vormauerschale setzen, Stoßfugen in Abständen von 1 m zur Entwässerung offen lassen. Zweite Schicht mauern, Kernraum von Mörtelresten säubern, Hyperlite® KD unter leichter Verdichtung einfüllen. Weiter Vormauerschale jeweils drei bis vier Schichten hohlfugig aufmauern, Kernraum von Mörtelresten freihalten, Hyperlite® KD in den Hohlraum trocken einfüllen und leicht um ca. 10% verdichten. Arbeitsgänge taktweise fortführen.

Verfülltes Dach, verfüllte Wand
Oder: Wie ein Haus den Wärmeschutz nachträglich eingeblasen bekam

Ein norddeutsches Haus mit Luftschicht-Mauerwerk. Der Hohlraum wurde nachträglich kern-gedämmt. Überregional anwendbar: die nachträgliche Dachschrägendämmung.

Das Haus war eigentlich ein norddeutscher Normalfall. In den 30er Jahren als Teil einer Stadtrandsiedlung gebaut, präsentierte es sich unverändert solide, mit Backsteinmauerwerk, Tonziegeln auf dem Dach mitsamt seinen Gauben, weißen Sprossenfenstern und dunkelgrüner Haustür.

Für die Bewohner hätte dieses ganz normale Haus beinahe optimal sein können. Die Eltern, Gerda und Johann Jochims, waren gern ins Dachgeschoß umgezogen, Susanne, Michael und Sandra Hohnholt, also Tochter, Schwiegersohn und Enkelin, hatten das Erdgeschoß für sich bekommen. Die Störung der »Idylle« kam teils von außen, vom Flughafen der nahen Großstadt, teils vom Haus, d.h. von seinem ungedämmten Dach und seinen so gut wie ungedämmten Außenwänden: zweischaliges Mauerwerk mit einer Luftschicht dazwischen. In Norddeutschland war diese Bauweise seit 1900 gang und gäbe. Hohe Heizkosten, sommerliches Backofenklima im Dach, im Winter statt dessen eine Eishöhle, das alles konnte die Familie Jochims/Hohnholt nicht normal finden.

Als in der erwähnten Großstadt eine Ausstellung zum Thema »Dach und Wand« stattfand, wurden Schwiegervater und Schwiegersohn dorthin delegiert. Zwar erwies sie sich als hauptsächlich für das Dachdeckerhandwerk gedacht, hatte sich jedoch längst der zeitgemäßen Aufgabe »Wärmedämmung« angenommen. So war es kein Zufall, daß Johann Jochims und Michael Hohnholt für ihren Normalfall hier das Idealverfahren entdeckten: eine spezielle Gebläsetechnik, mit der eine mineralische Dämmstoffkörnung (Hyperdämm) in die zu dämmenden Hohlräume eingeblasen wird.

Links: Dämmsanierung einer zweischalig gemauerten Wand. Die eingeblasene Körnung Hyperdämm füllt den Hohlraum lückenlos.

Rechts: Nachträgliche Dachschrägen-Dämmung: Die Körnung wird in Folienschläuche mit Abstandshaltern eingeblasen.

Im Fall der Wand bildet das zweischalige Mauerwerk den fertig vorgeformten »Behälter«. Bei der Dachschräge, erfuhren die beiden »Kundschafter«, werden Folienschläuche zwischen die Sparren geführt und vollgeblasen. Ein Modell verdeutlichte, wie sich der Behälter allseits eng anlegt, an den Dachlatten jedoch dreieckige sparrenparallele Lüftungskanäle bildet. Die Belüftung zwischen Dämmung und Deckung wäre also gewährleistet. Das Frappierende an der Methode: Weder brauchte die Schrägenverkleidung losgeschlagen noch das Dach abgedeckt zu werden, um an den Dämmraum zu gelangen. Auch an der Fassade brauchten keine bleibenden Eingriffe zu erfolgen, die Forderung der Familie, ihr Haus behalten zu wollen, wie es war, würde also erfüllt. Den Ausschlag gab dann das Argument, daß die Körnung mit ihrer Struktur und mit ihrem Gewicht von 100 kg/m³ auch den Luftschallschutz gegenüber der Außenwelt deutlich verbessern

An »strategischen Stellen« im oberen Randbereich und unterhalb der Fenster werden Backsteine aus der Vormauerschale gelöst.

würde. Dennoch bohrten die Delegierten weiter und erfuhren: Nein, das Material verrottet nicht, es ist anorganisch, nein, es brennt nicht, es gehört zur Baustoffklasse A1 nach DIN 4102, ja, es ist dampfdurchlässig, also baugesund, zudem ist es wasserabweisend. Und: Für die nachträgliche Wärmedämmung von Luftschichtmauerwerk besitzt es als anorganischer Dämmstoff die bauaufsichtliche Zulassung.

Mit der Adresse zweier regional in Betracht kommender Spezialfirmen kamen die beiden nach Hause, berichteten und erreichten einstimmigen Beschluß: Die Blastechnik wird angewandt. Die Firmen wurden angerufen und wegen der Kosten, Termine und Vorarbeiten befragt. Das Bohren oder Stemmen der Einfüllöffnungen in der Außenmauer boten sie mit an, doch plädierten die Frauen, das könne »man« selber. Außerdem mußten die Männer sich verpflichten, sobald finanzierbar, den Tischler für die Erweiterung der Einfachfen-

Das Hypermat-Einfüllgebläse befördert die Körnung durch einen Schlauch zu den Öffnungen und bläst sie unter leichtem Druck ein.

ster zum Kastenfenster zu bestellen, und drittens und letztens: allen Baudreck zu beseitigen. Während des Geschehens wären sie ohnehin beruflich verhindert, so daß die Frauen die »Bauleitung« übernehmen müßten.

Das hieß, Mutter und Tochter argwöhnten, ihre Männer hätten ihnen eine umfangreiche und strapaziöse Aktion beschert. Als dann das beauftragte Hyperdämmtechnik-Unternehmen vorfuhr, mit zwei Leuten und einem Einfüllgebläse plus Förderschlauch und mit dem Material, aber ohne Gerüst – statt dessen mit Ausziehleiter –, sah das Ganze doch nicht so dramatisch aus. Das Fachteam begutachtete die vom Laienteam vorbereiteten Einfüllöffnungen – in 2-m-Abständen ringsum auf der oberen Linie der Wände waren Ziegel herausgelöst –, lobte die Arbeit, entfernte aber im Brüstungsbereich der Fenster säuberlich zusätzlich Ziegel. Darin waren sie offensichtlich geübt, teilweise hätten sie ganze Fassaden zu sanieren, erklärten sie. Schad-

Der Folienschlauch wird auf die passende Länge zugeschnitten und verschweißt, bevor er in das Sparrenfeld eingeführt wird.

hafte Fugen würden Feuchtigkeit eindringen oder auch Körnung ausrieseln lassen. Im vorliegenden »Normalfall« aber brauchten sie lediglich einzufüllen. Einer der beiden stieg auf die Leiter und führte die Schlauchmündung in die Öffnungen. Der andere bediente das Gebläse und versorgte es mit dem körnigen weißen Material, die leeren Säcke legte er sorgfältig beiseite. Von der eigentlichen Arbeit zeugte das Rascheln des Körnerstroms im Schlauch. Auf Gerda Jochims anerkennende Bemerkung erwiderte er: »Klar, Chaos auf der Baustelle gibt's nicht bei uns.« Außerdem würde ja anhand der leeren Säcke der Materialverbrauch abgerechnet. Sandra interessierte etwas ganz anderes: Wie es denn aussehe in der Mauer, war ihre neugierige Frage. Also, ihre Mauer könne er leider nicht aufschneiden, bedauerte der Techniker. Aber Tests hätten sie gemacht, erklärte er dem Dreier-Publikum. Ergebnis: Die Körnung füllt den Hohlraum lückenlos, sackt nicht zu-

Das Hypermat-Einfüllgebläse füllt den Folienschlauch über die Förderleitung mit der Körnung.

sammen, auch nicht nach Jahren, auch nicht, wenn nebenan LKWs vorbeifahren. Deswegen der Überdruck des Gebläses: Das Material gelangt überall hin und bildet eine dicht gelagerte »Packung«.

Das Erklären dauerte beinahe länger als die Arbeit selber, jedenfalls war die Luftschicht der Außenwände zur Mittagspause verfüllt. Danach durfte Sandra das Spitzbodenfenster öffnen, hier ließ sich der Schlauch am besten einführen. Oben sahen zuerst wieder »Großmutter, Mutter und Kind« zu, doch wurde es den Frauen bald langweilig, die Arbeit ging rasch und routiniert vonstatten. Von einem »Endlos«-Folienschlauch wurden Stücke in der Länge der Dachschrägen vom unteren Punkt bis zur Spitzbodenebene abgeschnitten und an einer Schnittkante zugeschweißt. Die für die Sparrenabstände erforderliche Schlauchbreite war bereits beim Auftragsgespräch vorgeklärt worden. Einer der beiden Hyperdämmtechniker blieb auf dem Boden,

Auch der Spitzboden kann in Hyperdämm-Blastechnik gedämmt werden.

führte die Folien in die Sparrenfelder, den Förderschlauch ein kleines Stück in die Folienschläuche, schloß die Hand darum und gab das Kommando zum Blasen. Zuerst kam Luft, der Schlauch legte sich seitlich an die Sparren, unterseits an die Schrägenverkleidung, oberseits an die Dachlatten, ließ jedoch die erwähnten Belüftungskanäle. Die Dämmstoffkörnung füllte die Folienbehälter rasch, dann wurde auch deren oberes Ende verschlossen. Pro Sparrenfeld waren lediglich ein paar Arbeitsminuten erforderlich, auch im Bereich der Gauben, die nach derselben Methode gedämmt wurden.

Gerda Jochims winkte ihre Tochter schon zum Gehen, doch fiel ihr noch ein: Was passiert, wenn da irgendwo ein Nagel steckt? Keine Sorge, lautete die Antwort, das Folienmaterial ist gummiartig, ein Nagel könnte es anpieken, aber die Folie schließt sich fest um ihn. Seinerseits wollte der Techniker wissen: Was passiert mit dem Spitzboden? Das war bei der Auftragsvergabe anscheinend offengeblieben. Material hätten sie zur Vorsicht mitgebracht, und man brauchte ja nur in der Mitte zwei oder drei Dielen zu lösen, und dann: Dann pusten wir nach beiden Seiten den Hohlraum voll. Die Bauleiter-Entscheidung fiel Gerda Jochims nicht schwer: »Halben Kram« wollte sie nicht machen; so wurde auch die Dachgeschoßdecke zum Spitzboden gedämmt und dabei der normale Feierabend nur mäßig überzogen. Den beiden Männern blieb später nichts, als ein paar Steine wieder einzusetzen und ein paar Dielen wieder aufzunageln. Vom Baustellendreck war nicht mehr die Rede. Das bißchen Mörtelstaub und die paar Holzspäne hatte Sandra längst aufgefegt.

Einsatzbereiche:
Nachträgliche Wärmedämmung von Luftschichtmauerwerk, nachträgliche Wärmedämmung der Dachschrägen im ausgebauten Dachgeschoß, nachträgliche Wärmedämmung der Spitzbodendecke

Materialdaten:
Hyperdämm®, mineralische Dämmstoffkörnung, expandiertes, wasserabweisendes Perlitgestein

Korngröße:	0–6 mm
Schüttdichte:	$\rho_s = 100\ kg/m^3$
Rechenwert der Wärmeleitfähigkeit:	$\lambda_R = 0{,}055\ W/(m \cdot K)$
Wasserdampfdiffusionszahl:	$\mu = 3–4$

Verfahren:
A. Zweischaliges Mauerwerk mit Luftschicht: Für die Einfüllöffnungen Steine aus der Vorsatzschale lösen oder 5-cm-Bohrungen anbringen: Abstand ca. 2 m, Position im oberen Fassadenbereich, je nach Fassadengeometrie auch im Fensterbrüstungsbereich. Ausführung in Hyperdämm®-Blastechnik durch Spezialunternehmen: Einblasen der Körnung mit Einfüllgebläse Hypermat unter Überdruck per Förderschlauch in die Einfüllöffnungen. Verschließen der Öffnungen.
B. Dachschrägen im ausgebauten Dachgeschoß: Ausführung durch Hyperdämmtechnik-Unternehmen. Führung des Förderschlauchs durch Giebelfenster, Bodenluke oder Öffnung in der Dachdeckung. Arbeiten vom Spitzboden aus: Folienschlauch auf Länge schneiden, am unteren Ende zuschweißen, in Sparrenfeld einschieben, durch Förderluft aufblasen, mit Hyperdämm®-Körnung füllen. Oben verschließen.
C. Holzbalkendecke im Spitzboden: Dielen in der Mitte entfernen. Körnung in Hyperdämm®-Blastechnik beiderseits in die Deckenfelder einblasen. Dielen wieder verlegen.

Das dämm-sanierte Flachdach

Oder: Wie ein Nullgefälledach mit der Gefälleausbildung warm wurde

Das Flachdach dieses Hauses erhielt mit dem Wärmeschutz zugleich die Gefällebildung und den Höhenausgleich.

Flachdachschaden aus der Nähe: Die alte Haut unter der Kiesschicht hat Blasen gezogen.

Reihenhausanlagen haben ganz eigene Vorzüge. Der einzelne Bauherr spart Grundstücksfläche, er spart Baukosten, er spart Heizkosten – vor allem, wenn sein Haus in der Mitte liegt – und er gewinnt Nachbarschaft. Ein wirklicher Zugewinn, wenn sie so gut funktioniert wie in der Anlage in einer westdeutschen Mittelstadt, wo Udo und Renate Gerninghaus mit den Zwillingen Tina und Carola ihr Haus haben. Z.B. hatten die Nachbarn gemeinsam gleich nach dem Einzug in den späten 60er Jahren den Kinderspielplatz angelegt, und bis heute pflegen sie gemeinsam das öffentliche Grün. Reihenhausnachbarschaften haben auch etwas Tröstliches: Von haus-gemachten Leiden ist man meist nicht allein betroffen. Wie in unserem Fall vom hohen Heizölbedarf: Der Architekt hatte – ganz im Sinn der Bauherren – die Häuser versetzt, so funktionierte der Wärmeschutz des Wand-an-Wand-Wohnens nur teilweise. Derselbe Architekt aber hatte schon da-

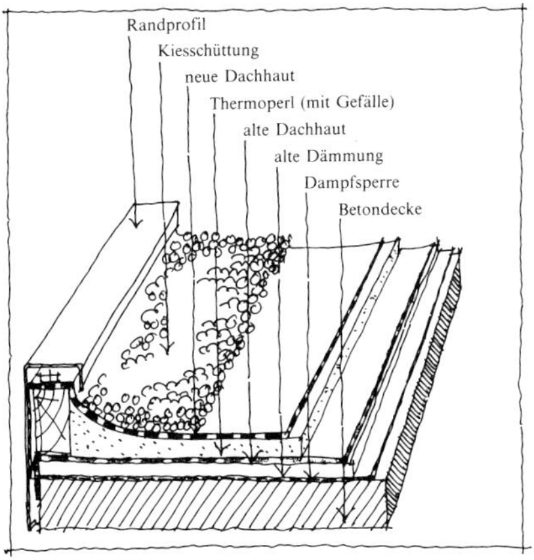

Dämmsanierung auf dem Flachdach: Die bituminierte Dämmstoffkörnung formt die leicht geneigte neue Oberfläche vor und sorgt für zeitgemäßen Wärmeschutz.

mals zu Isolierglasfenstern geraten (später hatten beinahe alle Familien sie eingebaut), und er hatte vorausschauend empfohlen, die Dämmschicht auf dem Flachdach dicker als 4 cm zu bemessen – vergeblich. So vorausschauend, die damalige Bauweise des »Nullgefälle-Flachdachs« nicht mitzumachen und statt dessen ein wasserableitendes leichtes Gefälle vorzusehen, war er leider nicht gewesen.

Trotzdem war das Dach bisher wasserdicht geblieben, doch stellte Udo Gerninghaus bei einer Inspektion fest, daß die Bitumenhaut unter der Kiesschicht einige Beulen hatte. Das und der bei einem Nachbarn bereits eingetretene wirkliche Schadensfall waren Alarmzeichen genug.

Renate Gerninghaus erinnerte sich des Architekten und machte ihn ausfindig. Seit sie damals gemeint hatte, 4 cm Dämmung seien genug, fühlte sie sich für Dach-Dinge mitverantwortlich. Er bedauerte seinen da-

Große Blasen werden abgestochen, kleine lediglich perforiert.

maligen Erkenntnisstand in puncto Flachdachgefälle, sie den ihren in puncto Wärmeschutz, war bereit, seinen Sanierungsvorschlag anzuhören, und schrieb am Telefon mit: »Spezielles Verfahren – dämmt und bildet Gefälle – füllt die Unebenheiten. Thermoperl, bituminierte mineralische Dämmstoffkörnung, einfach auf das alte Dach drauf, dann die neue Dachhaut.« Folgte die Adresse eines ausführenden Betriebs, den der Architekt aus seiner Arbeit kannte: Neue Flachdächer mit Gefälledämmung, vor allem aber auch die Sanierung älterer Flachdächer waren eine Spezialität dieses Dachdeckerbetriebs.

Renate Gerninghaus ließ sich von der Firma und von einer weiteren ein Angebot machen. Die erste, etwas günstigere, fragte sie, wo sie sich einmal ein Bild von der Geschichte machen könne, bekam die Auskunft und sprach mit dem Flachdach-Leidensgenossen, nicht weit von ihrer Gegend. Dessen Leiden waren vorbei,

Über Lehren wird die bituminierte Dämmstoffkörnung abgezogen.

sein Dach intakt und seine Heizkosten um einiges niedriger. Udo Gerninghaus war mit der Erteilung des Auftrags einverstanden, wollte aber Vorarbeiten möglichst selber erledigen. Der Handwerksmeister hatte nichts dagegen, daß sein Auftraggeber die Kiesschicht vom Dach entfernte, doch: »Alles andere überlassen Sie uns. Wenn Sie aber dabeisein wollen – da haben wir nichts gegen.« Also brachte der »Vor-Arbeiter« den Kies vom Dach in den Garten, kehrte die alte Dachhaut mit einem Drahtbesen sauber ab und besah sich skeptisch die Täler, Hügel und Beulen. Unebenheiten der Betondecke und eingeschlossene Feuchtigkeit seien die Ursachen, erklärte das Dachdecker-Team am nächsten Morgen. Also müßte man doch sicherlich alles abreißen, die alte Dachhaut und die alte Dämmung, meinte Udo Gerninghaus. Bei ausgedehnter Durchfeuchtung sei das allerdings unumgänglich, erfuhr er, aber: »Jetzt stechen wir erst mal die größeren Blasen

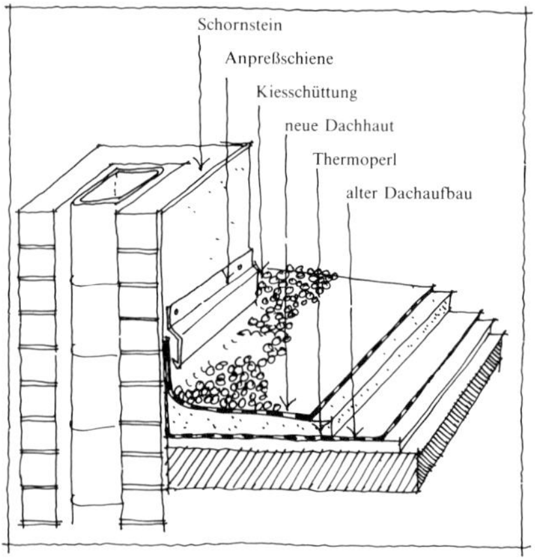

Für fachgerechte Anschlüsse wird die Dämmstoffkörnung keilförmig angewalzt.

ab.« Tatsächlich waren die größeren Blasen dann sehr schnell abgestochen, die kleineren angestochen, und die »Stichprobe« ergab: im wesentlichen alles trocken, kleine Feuchtstellen durch Undichtigkeiten der Haut, der alte Aufbau ist sanierungsfähig.

Zuerst perforierten die Handwerker zusätzlich die gesamte Fläche in regelmäßiger Verteilung. Eingeschlossene Feuchtigkeit könnte so heraus, würde sich in der neu aufzubringenden Sanierungsschicht verteilen und über den Dachrand verdunsten. Aufblähungen der neuen Dachhaut würde es nicht geben. Mit dem nächsten Arbeitsschritt begann bereits die eigentliche Dach-Therapie. Lehren wurden ausgelegt und ausgerichtet, sie dienten dazu, die Dämmstoffkörnung abzuziehen und dabei das Gefälle herzustellen. 2% sollte es mindestens betragen, das galt für die Dachteilfläche mit der längsten Gefällestrecke vom Rand bis zum Einlauf (der nicht mittig lag). Für die Teilflächen mit kürzeren

Die bitumenverträgliche Dichtungsbahn wird direkt auf die verdichtete Thermoperlschicht in Heißbitumen verklebt.

Gefällestrecken würde es noch etwas stärker sein, denn der Anschluß am Dachrand sollte ringsum auf gleicher Höhe liegen, um saubere, dauerhaft dichte Ausführung zu gewährleisten. Zusätzlich war beim Legen der Lehren eine Überhöhung von 30% zu berücksichtigen, weil die Dämmschicht um diesen Zuschlag verdichtet werden muß. Weitere Vorgabe: Die Thermoperlschicht sollte im fertig verdichteten Einbauzustand eine Mindestdicke von 4 cm haben.

Als Udo Gerninghaus sich das alles vorzustellen versuchte, ergriff ihn zum ersten Mal der Schwindel, oben auf seinem Flachdach. »Macht alles Thermoperl«, beruhigten die Handwerker ihn, »oberseitig das Gefälle, unten den Ausgleich. Wir legen bloß die Lehren.« Sprachen's, öffneten die ersten Säcke. Gekörntes Schwarz ergoß sich, wurde mit einem Zusatz zu einer Dämmstoffmasse gemischt (»Perlmix« stand auf der Dose), wurde glänzend und geschmeidig, fertig zum Verteilen zwischen die Lehren und zum Abziehen mit dem Richtscheit. Danach wurden die Lehren aufgenommen und die Fläche mit einer Walze verdichtet. Die Randanschlüsse wurden mit sanfter Rundung keilförmig angewalzt.

Den Rest zu beobachten – das Aufbringen der mehrschichtigen Bitumendachhaut »gemäß Flachdachrichtlinien« in Heißbitumen – sparte sich der Auftraggeber. Die Kiesschüttung brachte er selbst wieder auf.

Der Erfolg der Maßnahme war dreifach: Zum einen und sofort beim nächsten Gewitterguß strömte das Wasser zielstrebig zum Einlauf. Zum anderen und im nächsten Winter strömte deutlich weniger Öl zum Brenner. Und zum dritten verstärkte sich der Besucherstrom in Richtung Zwillingszimmer. »Jetzt, wo es nicht mehr so eklig kalt von der Decke runterkommt, kann man schon mal Leute einladen«, erklärten Tina und Carola ihren Eltern.

Einsatzbereich:
Wärmedämmung, Gefällebildung und Ausgleich von Unebenheiten bei älteren Flachdächern. Gefälleschicht oder komplette Gefälledämmung für Flachdächer im Neubau, Terrassen, Balkone.

Materialdaten:
Thermoperl®, Dämmstoffkörnung; expandiertes, spezialbituminiertes Perlitgestein

Rohdichte:	ρ = 250–300 kg/m³
Rechenwert der Wärmeleitfähigkeit:	λ_R = 0,07 W/(m · K)
Dampfdiffusionswiderstandszahl:	μ = 4,4
Bedarf:	ca. 13 l je m² Fläche und je cm Dicke

Verfahren:
A. Flachdachsanierung: Kiesschüttung entfernen, Fläche mit Drahtbesen kehren. Weitere Ausführung durch Fachbetriebe: Prüfung des alten Aufbaus auf Nässe. Trockener oder nur punktuell gering feuchter Aufbau kann als Basis der Sanierung dienen. Große Blasen der Dachhaut abstechen, kleinere Blasen aufstechen, gesamte Dachhaut perforieren. Lehren auslegen. Gefälle mindestens 2%. Geringste Dämmdicke 6 cm (z. B. vorhandene Dämmschicht plus neue Thermoperl®-Schicht, deren Mindestdicke im Einbauzustand: 2 cm).
Thermoperl® mit Perlmix gemäß Herstellervorschrift verarbeitungsfertig herstellen. Zwischen die Lehren schütten, mit dem Richtscheit abziehen. Lehren entfernen, Fläche mit Handstampfer, Flächenrüttler oder Walze verdichten. Anschlüsse keilförmig anrollen. Bitumenverträgliche Abdichtung gemäß Flachdachrichtlinien aufbringen, oberste Bahn oberseitig beschiefert, oder Kiesschüttung.

B. Flachdach im Neubau, Gefälledämmung: Ausführung durch Fachbetriebe: Auf besenreiner Rohdecke Trennschicht ausrollen, bituminierte Alufolie als Dampfsperre verkleben. Mit Perlmix verarbeitungsfertig hergestellte Thermoperl®-Schüttung über Lehren abziehen. Überhöhung 30%, Gefälle mindestens 1,5%. Einbaudicke im verdichteten Zustand mindestens 6 cm. Lehren entfernen, Fläche verdichten, Anschlüsse keilförmig ausrollen. In Randzonen Lochvliesbahn (1 m) auslegen. Bitumenverträgliche Abdichtung gemäß Flachdachrichtlinien aufbringen. Kiesschüttung oder oberste Bahn mit Beschieferung.

Die schall- und wärmedämmende Installationsführung

Oder: Wie in einem Ausbauhaus die Warmwasser- und Heizungsrohre mit Mörtel gedämmt wurden

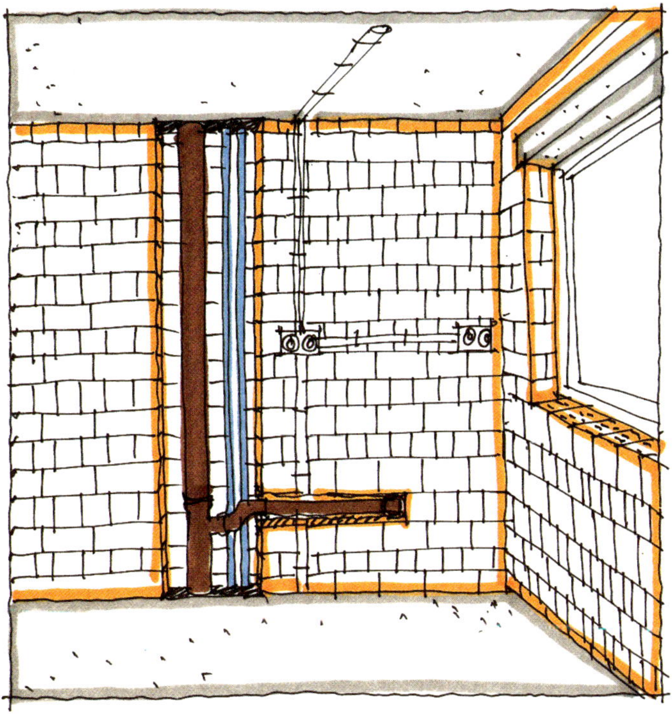

Im Ausbauhaus sind die Installationsleitungen in gemauerten Schlitzen geführt. Alles weitere ist Sache des Aus-Bauherrn.

Der wärmedämmende und geräuschdämpfende Installationsmörtel Instaperl wird eingeworfen, angedrückt und mit dem Reibebrett abgezogen.

Die Sommerferien verbrachten Frank und Jens Zöllner in diesem Jahr ausnahmsweise gemeinsam mit ihren Eltern. Harald und Erika Zöllner hatten ein Ausbau-Haus gekauft, d.h. einen Rohbau mit gedecktem und gedämmtem Dach, eingesetzten Fenstern und Türzargen und mit verlegten Installationsleitungen und der Heizanlage. Im »großen Familienurlaub auf dem Bau« sollte soviel wie möglich von den restlichen Arbeiten passieren. Harald und Erika Zöllner wollten die Dachschrägen verkleiden, die beiden Söhne sollten zuerst die gemauerten Installationsschlitze mit den Heizungs- und Warmwasser-Rohren schließen. Putz- und Fliesenarbeiten würde man an einen Handwerksbetrieb vergeben, alles andere bis zum Teppichlegen wäre Familiensache. Hinsichtlich der handwerklichen Anforderungen hatte man kein Lampenfieber. Edith und Harald Zöllner waren gewohnt, möglichst viel selber zu machen, und die beiden Oberschüler hatten erst in den letzten

Alternativmethode: Das Reibebrett dient als gleitende Schalung, der Mörtel wird hinterfüllt.

Ferien auf dem Bau gejobt. Außerdem gab es eine sehr brauchbare Ausbau-Anleitung vom Hersteller des Hauses. Als Material für das Verfüllen der Rohrleitungsschlitze war darin der Dämm-Mörtel Instaperl angegeben. Harald Zöllner hatte die 2 Sack à 80 Liter schon besorgt und vom Baustoffhändler ein Informationsblatt zur Verarbeitung mitgebracht. Frank und Jens mischten im Mörtelkübel den Inhalt des ersten Sacks mit 22 l Wasser gründlich durch. Das graue Material mit den expandierten Mineralkörnchen als Zuschlag erreichte die steifplastische, kellengerechte Konsistenz, wie sie ein Mörtel haben soll, damit er gut haftet, ohne zu »laufen«. Hierüber waren die Brüder gleicher Meinung, doch bei der Verarbeitung folgte jeder seinem Temperament. Frank warf den Dämm-Mörtel mit kräftigem Kellenschwung in den Schlitz, um gleich mit dem Mörtel hinter und neben die Rohre zu kommen, warf wieder Mörtel ein und zog das Material dann mit dem Reibe-

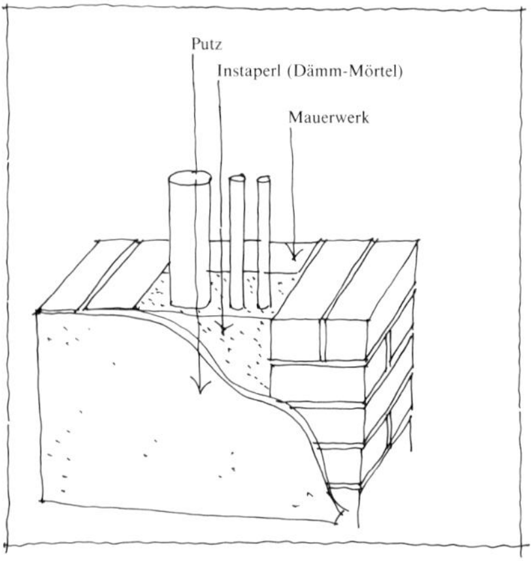

Der Mörtel umhüllt, fixiert und dämmt die Rohre. Unter 50 cm Schlitzbreite ist keine Bewehrung des Putzes erforderlich.

brett fluchtgerecht ab. Das Ganze wiederholend, arbeitete er sich von unten nach oben vor. Sein Bruder benutzte die gleichen Werkzeuge, doch bevorzugte er die Gleitschalung: Das Reibebrett hielt er vor den noch ungefüllten Schlitz, mit der Kelle warf er die Masse in den so gebildeten Hohlraum, um die Leitungen lückenlos allseitig zu umhüllen und eine gute Haftung des Mörtels an den Schlitzwandungen zu erreichen. Abzureiben brauchte er dann nur noch andeutungsweise. Mit ihren unterschiedlichen Methoden brachten die beiden ihre Arbeit, jeder in seinem Abschnitt, doch zum selben Endergebnis: Die Schlitze waren sauber verfüllt, die Leitungen damit wärmegedämmt und gleichzeitig schallgedämpft. Auch den Deckendurchlaß des Installationsstranges hatten sie einfach mit dem Dämm-Mörtel geschlossen.

An den Wänden konnte nun der Putz vollflächig aufgetragen werden. Im Bereich der Schlitze war keine

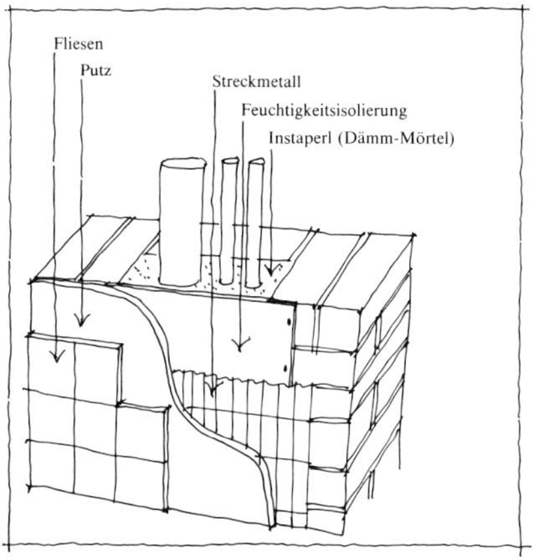

In Feuchträumen wird der verfüllte Schlitz mit Ölpapier gegen Feuchtigkeit gesichert. Darüber armiert ein Rippenstreckmetall den Wandbelagaufbau (Sperrputz, Mörtelbett, Fliesen).

Putzbewehrung erforderlich, denn die Schlitzbreite lag unter der Grenze von 50 cm. In den beiden Bädern und im Fliesenbereich der Küche aber mußten die Schlitze gegen Feuchtigkeit gesichert werden. Hier hatten die Brüder die verfüllten Schlitze mit einer Folie überdeckt, diese mit Stahlstiften befestigt und 10 cm auf beiden Seiten überlappen lassen. Darüber kam nun als Putzträger ein flaches, gegen Korrosion schwarz gelacktes Rippenstreckmetall. Anschließend konnte der Sperrputz als Spritzbewurf auf der ganzen Fläche aufgebracht werden, eine Arbeit ganz nach Franks Geschmack. Das Verlegen der Fliesen im Mörtelbett übernahmen dann die Handwerker, während die Familien-Kooperative den Dachausbau zusammen vollendete.

Zum Ferienende gingen der Einzug und die Einweihung über die Bühne, schon vorher aber hatte Frank probebaden müssen. Ergebnis: Kein Wasserrauschen war nebenan am Eßplatz zu hören, die Leitungen waren ja auch schalltechnisch einwandfrei verlegt, einschließlich der Montage der Sanitäreinrichtung. Die Wärmedämmung der Heiz- und Warmwasserleitungen aber würde ihren vollen Wert noch vor dem Winter erreichen: Bis dahin wäre der Dämm-Mörtel durchgetrocknet.

Einsatzbereich:
Wärmedämmung und Geräuschdämpfung von Installationsleitungen

Materialdaten:
Instaperl®, Dämm-Mörtel aus mineralischer Dämmstoffkörnung (expandiertes Perlit = Superlite®) als Zuschlag und hochwertigen hydraulischen Bindemitteln

Rohdichte:	ρ = ca. 300 kg/m³
Wärmeleitfähigkeit:	$\lambda_{10\,tr}$ = 0,075 W/(m · K)*
(mit 60% Aufschlag):	λ_R = 0,12 W/(m · K)
Druckfestigkeit:	$\beta_{D\,28}$ = ca. 0,5 N/mm²
Baustoffklasse:	A1 nichtbrennbar nach DIN 4102
Materialbedarf:	15 Sack à 80 l pro m³ Schlitzverfüllung

Verfahren:
Instaperl® sackweise aufbereiten, pro Sack 22 l Wasser zugeben, zu homogener, steifplastischer Masse durchmischen. Mörtel in die Schlitze einwerfen, Leitungen hohlraumfrei umschließen, ringsum mindestens 30 mm überdecken. Zur Haftungsverbesserung Mörtel andrücken, mit dem Reibebrett abziehen. Je nach Schlitzbreite und -tiefe abschnittsweise und mehrlagig einwerfen. Möglich ist auch ein »Hinterfüllen« eines vor den Schlitz gehaltenen Schal- oder Reibebretts. Bei Schlitzbreiten bis zu 50 cm Putzträger überflüssig. Putze unter 10 mm Dicke im Schlitzbereich jedoch mit alkalibeständiger Glasgewebeeinlage 10 cm überlappend armieren. In Feuchträumen Schlitze verfüllen, mit Ölpapier oder Folie überdecken, Putzträger – z. B. RSM-Flachrip – grundieren, Sperrputz aufbringen, Fliesen im Mörtelbett verlegen.

* nach Austrocknung, wie sie in der Praxis erreicht wird.

Der sparsam rauchende Schornstein
Oder: Wie ein alter Hausschornstein ein neues Innenleben erhielt

Beim Einbau einer Ölzentralheizung diente der alte Schornstein dieses Hauses als Außenschale des neuen, dreischaligen Aufbaus.

Etwa 1 m hoch wird der Schornsteinfuß geöffnet. Ähnlich wird im Dachboden ein Durchbruch für die obere Revisionsöffnung geschaffen.

In einer relativ ruhigen Wohngegend in einer der mittleren Ruhrgebietsstädte stand das Haus, das Ulrich und Eva Foltin von Evas Onkel geerbt hatten: zweigeschossig, aus dunklem Backstein gemauert und mit dunklen Ziegeln gedeckt, doch keineswegs trist. Überhaupt gefiel ihnen die »ererbte« Atmosphäre des Viertels.

Das Erdgeschoß des Hauses war vermietet und sollte es auch bleiben, das junge Ehepaar wollte die Einnahme dazu verwenden, das Haus nach und nach zu modernisieren. Sofort fällig war allerdings die Heizanlage. Das Haus besaß zwar eine Zentralheizung, doch war sie mit Deputat-Kohle befeuert worden, die dem Onkel aus seiner Tätigkeit für eine Zeche zugestanden hatte. Diese Heiz-Quelle fiel jetzt weg, ohnehin aber würde eine moderne Ölheizung sich in absehbarer Zeit bezahlt machen.

Der zu Rate gezogene Heizungsinstallateur machte Eva und Ulrich Foltin darauf aufmerksam, daß sie die

Als neue Innenschale wird ein spiraliges, flexibles Stahlrohr besonderer Qualität vom Schornsteinkopf aus eingelassen. Formstücke für die Anschlüsse werden integriert.

neue Anlage an den alten Schornstein gar nicht ohne weiteres anschließen durften. Anpassungsmaßnahmen seien jedoch möglich, Adressen hatte er leider nicht parat. Ulrich Foltin fragte sich dann durch bis zum Fachverband Hausschornsteinbau e.V. in Bonn, und dort nannte man ihm ein Sanierungsunternehmen in seiner Stadt. In der Auftragsvorbesprechung erhielten die Foltins Gewißheit: Der alte Schornstein war wirklich brauchbar, und zwar als äußere Schale eines neuen dreischaligen Aufbaus, geeignet für Öl- und Gasheizungen. Man würde ein Rohr in den Schacht einführen und den Hohlraum zwischen Schornsteininnenwandung und Rohr mit einer dafür zugelassenen Dämmstoffmasse verfüllen.

Was er an Vorarbeiten leisten könne, wollte Ulrich Foltin wissen. Er bekam seine Anweisungen, und so rückte er nach dem Abtransport des alten Kessels – bei warmem Herbstwetter gerade noch zu verantworten –

Die Öffnung am Fuß wird wieder vermauert, gleichzeitig wird der Dämm-Mörtel als Mittelschale eingefüllt.

dem Schornstein mit Fäustel und Meißel zu Leibe. Seiner Frau hatte er vorher auf ihrem Einkaufszettel das Wort »Bier« noch dick unterstrichen. Als Eva Foltin zurückkam – mit dem Wunschtrunk – war die Hauptarbeit schon geleistet. Im Heizungsraum hatte Ulrich Foltin den Schornstein vom Boden an ca. 1 m hoch durch Herauslösen der Ziegel sauber geöffnet. Jetzt brauchte er nur noch im Dachboden einen ca. 30 cm hohen Durchbruch für die obere Revisionsöffnung zu schlagen. Die Steine befreite er vom Mörtel und bewahrte sie für das spätere Vermauern auf.

Das Sanierungsunternehmen, für den nächsten Tag bestellt, arbeitete nach einem sehr einfachen Verfahren. Das spiralig aufgebaute, flexible Stahlrohr (es könnte auch ein Schamotte- oder Keramikrohr verwendet werden), das als Innenschale des dreischaligen Schornsteins dienen sollte, führten die Leute vom Schornsteinkopf auf dem Dach her ein und senkten es bis zum

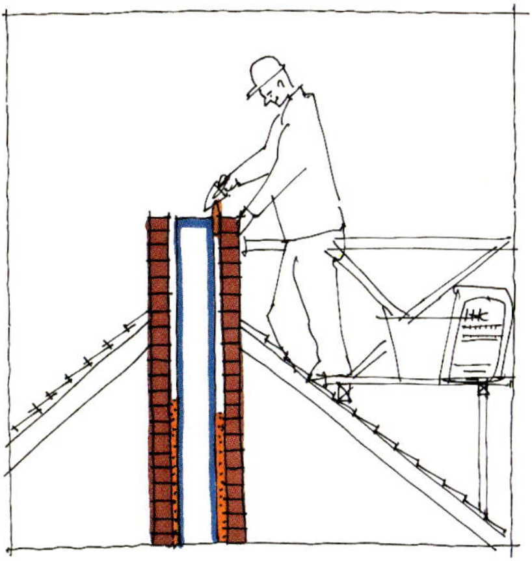

Die restliche Füllung erfolgt vom Kopf her.

Boden im Heizungskeller hinunter. Sein Durchmesser betrug 16 cm, so war im alten Schacht mit seinem Querschnitt von 25 × 25 cm ringsum mindestens 4,5 cm Platz für die Dämmasse. Für den Anschluß an den neuen Kessel, den unteren und den oberen Revisionsschacht waren in das Rohr bereits Vorrichtungen eingesetzt.

Die von Ulrich Foltin geschlagene Öffnung im Keller wurde nun wieder vermauert, dabei wurde schon die Dämmasse (I + K-Schornstein-Dämmstoffmasse) in den Hohlraum um das flexible Rohr gefüllt. So wie der Fertigmörtel mit den expandierten Mineralkörnern als Zuschlag aus den 80-l-Säcken kam, wurde er mit Wasser zu plastischer Konsistenz aufbereitet. Den Mörtel schüttete man nun vom Schornsteinkopf aus ein, rings um das flexible Stahlrohr. Als der Mörtel-»Pegel« die provisorisch verschlossene Öffnung im Dachboden erreicht hatte, wurde hier gleichfalls vermauert und zuvor der Revisionskasten mit Mineralwolle gedichtet. Nun

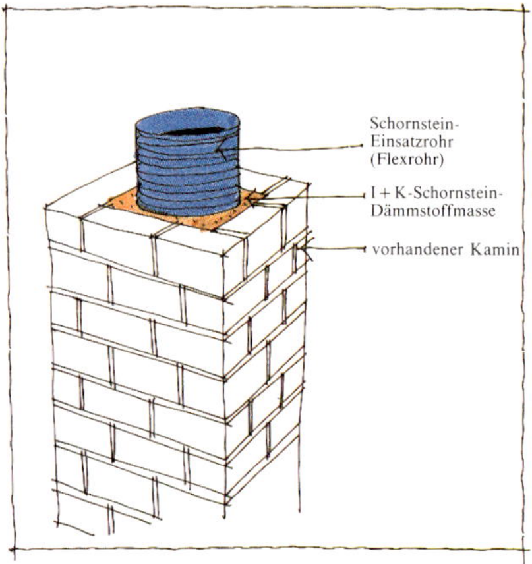

Der Schnitt zeigt den dreischaligen Aufbau: innen das Stahlrohr, fixiert und gedämmt durch die Mittelschale aus Dämm-Mörtel; die Außenschale bildet der alte Schornstein.

konnte der restliche Abschnitt verfüllt werden, hohlraumfrei fixierte der Mörtel das flexible Stahlrohr in seiner Position und bildete zugleich den nötigen Wärmeschild des Schornsteins, da eine hohlraumfreie Verfüllung mit der I + K-Schornstein-Dämmstoffmasse möglich war. Dank dieser Dämmung könnte die Abgastemperatur der neuen Anlage energiesparend niedrig gehalten werden, ohne daß Kondenswasserbildung im neuen, alten Schornstein zu befürchten wäre. Als der Schornstein »bis zum Kragen« gefüllt war, wurde abschließend noch eine zum System passende Abdeckplatte aufgesetzt und in der Kaminkopf-Abdichtung verdübelt.

Das Ganze hatte kaum einen Nachmittag gedauert. Zum Feierabend spendierte Ulrich Foltin allen ein Bier aus seinem Vorrat, seine Frau Eva (und sich selber) eingeschlossen.

Einsatzbereiche:
Modernisierung vorhandener einschaliger Schornsteine durch Einziehen einer Innenschale und einer Dämmstoffschicht; Errichtung neuer dreischaliger Hausschornsteine

Materialdaten:
I + K-Schornstein-Dämmstoffmasse; Werk-Trockenmörtel aus mineralischem Leichtzuschlag (expandiertes Perlit = Superlite®) und hydraulischem Bindemittel.
Bauaufsichtlich zugelassen mit Güteüberwachung durch Eigen- und Fremdkontrolle.

Rohdichte:	ρ = 170–250 kg/m^3
Baustoffklasse:	A 1 nichtbrennbar nach DIN 4102
Lieferform:	in 80-l-Plastiksäcken

Verfahren:
A1. Anpassung alter Schornsteine an die Anforderungen neuer Öl- oder Gasheizanlagen durch Einziehen z. B. eines flexiblen Stahlrohres und Einbringen einer Dämmschicht: Schornstein am Fuß ca. 1 m hoch für den Anschluß an den neuen Kessel und im Dachraum für die obere Revisionsöffnung aufschlagen. Metallrohr vom Schornsteinkopf aus einführen und mit unten eingeführtem Anschluß-Formstück verbinden. Rohr und Anschlußstücke fixieren, zwischen Außenschale und Formstück mit Steinwolle ausstopfen. Dämm-Mörtel sackweise aufbereiten, pro Sack 16 l Anmachwasser, und in steifplastischer Konsistenz einbringen. Verfüllung von oben, zunächst bis zur oberen Revisionsöffnung. Hier ähnlich wie am Fuß den Durchbruch schließen, Rohr und Formstück fixieren, mit Steinwolle dichten. Verfüllung des Restabschnittes mit I + K-Schornstein-Dämmstoffmasse vom Schornsteinkopf her und Abdeckung mit zum System passender Abdeckplatte.
A2. mit Schamotte-Innenrohr:
Dieses Verfahren, ähnlich dem Verfahren unter A 1 beschrieben, sollte wie auch das Verfahren nach A 1 nur von Spezial-Firmen durchgeführt werden, die allein Gewährleistung für eine Funktionsfähigkeit geben können.

Fachwort-Lexikon von A bis W wie Wärmeschutz und Wasserdampfdiffusion

Anorganische Dämmstoffe
Faserige oder körnige expandierte Materialien aus mineralischen Rohstoffen (Gesteine, Sand, Schlacke).

Ausgleichsschüttung
Geschüttete Dämmschicht aus Dämmstoffkörnungen zum Ausgleich von Unebenheiten und Höhenunterschieden und als Basis des Trittschallschutzes. Beispiele: Fußbodensanierung mit Trockenestrich im Altbau, schwimmender Estrich im Neubau usw.

Baustoffklassen
Einteilung von Baustoffen nach ihrem Brandverhalten, geregelt in DIN 4102. Klassifizierungen: A 1 und A 2 = nichtbrennbar, B 1 = schwerentflammbar, B 2 = normalentflammbar, B 3 = leichtentflammbar (in der Bundesrepublik nicht zugelassen).

Dämm-Mörtel
Mörtel mit hydraulischen Bindemitteln und wärmedämmenden Leichtzuschlägen, z. B. Blähperlit. Verwendung als wärmedämmender Leichtmauermörtel, Mörtel für leichte, wärmedämmende Estriche und Betone für Dach- und Bodenkonstruktionen, Mörtel für Installationswandschlitze, Mörtel für die Dämmschicht dreischaliger Schornsteine.

Dämmstoffkörnungen
Dämm-Materialien aus Perlit, z. B. Blähperlit, einem Naturglas vulkanischen Ursprungs. Für die jeweilige Verwendung weiter vergütet, z. B. bituminiert oder wasserabweisend behandelt.

Dampfsperre, Dampfbremse
Folien, z. B. aus Aluminium oder Kunststoff, die das Eindringen von Feuchtigkeit aus der Raumluft in Bauteile oder Dämmschichten verhindern bzw. verlangsamen.

Güteüberwachung
Qualitätskontrolle zur Einhaltung von Anforderungen nach Verfahren, die in Normen oder bauaufsichtlichen Zulassungen festgelegt sind. Die Kontrollen müssen als Eigenüberwachung vom Hersteller und zusätzlich als Fremdüberwachung von neutralen Prüfinstituten durchgeführt werden.

Kerndämmung
Wärmedämmung im Hohlraum zwischen (gemauerter) Außen- und Innenschale einer Außenwand. Fugenlose Kerndämmungen erhält man bei Verwendung bauaufsichtlich zugelassener Dämmstoffkörnungen.

k-Wert
Bauteil-Kennwert für den Wärmestrom, der bei einem Temperaturunterschied von 1 Grad Celsius (= 1° Kelvin in der absoluten Skala) beiderseits des Bauteils stündlich durch eine Fläche von 1 m^2 hindurchfließt. Faustformel: je kleiner der k-Wert, desto geringer die Wärmeverluste.

Organische Dämmstoffe
Dämm-Materialien pflanzlichen Ursprungs wie Kork, Torf, Holzfasern oder synthetische Schäume, z. B. aus Polystyrol oder Polyurethan.

Perlit
Vulkanisches Gestein, ein Aluminium-Silikat mit chemisch gebundenem Wasser. Durch Brechen und Hitzeexpansion zu Dämmstoffkörnungen verarbeitet.

Rohdichte
Die Dichte eines gebundenen Stoffes – einschließlich Poren und Hohlräumen – in kg/m^3.

Schüttdichte
Die Dichte eines losen Stoffes in kg/m^3.

Schwitzwasser (Tauwasser)
Kondensation von Luftfeuchtigkeit, z. B. auf der Innenseite von Außenbauteilen, deren Oberflächentemperatur die Taupunkttemperatur unterschreitet. Die Taupunkttemperatur ist keine feste Temperatur, sondern abhängig vom Feuchtegehalt der Luft.

Trittschallschutz
Schutz von Räumen gegen Körperschall, der auf der Oberseite der Raumdecke erzeugt wird, z. B. durch Herumgehen. Übliche Trittschallschutzmaßnahme ist der Einbau von schwimmenden Estrichen auf geeigneten Dämmschichten.

Wärmedämmung
Schutz eines Gebäudes gegen Wärmeverluste durch bauliche Maßnahmen, z. B. Verwendung von Dämmstoffen.

Wärmedurchlaßwiderstand
Bauteil-Kennwert, abhängig von der Schichtdicke und der Wärmeleitfähigkeit des verwendeten Bau- oder Dämmstoffs.

Wärmeleitfähigkeit
Baustoff-Kennwert, durch die Wärmeleitzahl λ bezeichnet. Die Wärmeleitzahl nennt die Wärmemenge in Watt, die pro Stunde durch 1 m^2 einer 1 m dicken Schicht des Stoffes bei einem Temperaturunterschied von 1° C (= 1° Kelvin der absoluten Skala) strömt.

Wärmeschutzverordnung (WSVO)
Gesetzliche Bestimmungen zum energiesparenden Bauen, u. a. Anforderungen zur Begrenzung des Wärmedurchgangs durch Außenbauteile durch Nennung höchstzulässiger k-Werte. Erstfassung 1977, neue Fassung mit erhöhten Anforderungen und Ausdehnung des Gültigkeitsbereiches auf Teile der Altbausanierung ab 1. 1. 1984.

Wasserdampfdiffusion
Wasserdampfwanderung zwischen Bereichen unterschiedlicher relativer Luftfeuchte. Temperaturdifferenzen und der Diffusionswiderstand des betroffenen Bauteiles beeinflussen den Vorgang.